供护理、助产、药学、检验、影像、口腔、信息、中药、康复等专业使用

人体结构与功能
学习指导与习题集

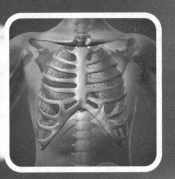

主　编　张晓丽

副主编　孟庆鸣　麻　智

编　者　（以姓氏笔画为序）

白　容　北京卫生职业学院
杜　娟　北京卫生职业学院
李佳怡　北京卫生职业学院
张晓丽　北京卫生职业学院
周树启　北京卫生职业学院
孟庆鸣　北京卫生职业学院
麻　智　北京卫生职业学院

华中科技大学出版社
http://www.hustp.com
中国·武汉

内 容 简 介

人体解剖学、组织胚胎学和生理学均是医学院校重要的医学专业基础课,具有名词多、概念抽象、结构复杂、难学难记等特点。本书包括解剖学自测题、组织学自测题和生理学自测题,通过各种习题引导学生由人体宏观解剖结构到微观组织结构,由人体结构到生理功能,为学生系统复习医学基础知识提供大量练习题,帮助学生巩固和掌握知识,提高学习效率。

本书编排设计符合学生认识规律,主要题型有填空题、是非判断题、单项选择题、名词解释、简答题,不同类型的试题覆盖教学大纲。本书可供医学院校各专业学生对医学基础知识进行复习和自测。

图书在版编目(CIP)数据

人体结构与功能学习指导与习题集/张晓丽主编. —武汉:华中科技大学出版社,2016.8(2025.7重印)
全国高职高专医药院校护理专业"十三五"规划教材:临床案例版
ISBN 978-7-5680-2041-1

Ⅰ.①人… Ⅱ.①张… Ⅲ.①人体结构-高等职业教育-教学参考资料 Ⅳ.①Q983

中国版本图书馆 CIP 数据核字(2016)第 155575 号

人体结构与功能学习指导与习题集 张晓丽 主编
Renti Jiegou yu Gongneng Xuexi Zhidao yu Xitiji

策划编辑:	周 琳
责任编辑:	熊 彦
封面设计:	原色设计
责任校对:	张 琳
责任监印:	周治超
出版发行:	华中科技大学出版社(中国•武汉) 电话:(027)81321913
	武汉市东湖新技术开发区华工科技园 邮编:430223
录　　排:	华中科技大学惠友文印中心
印　　刷:	武汉市洪林印务有限公司
开　　本:	787mm×1092mm　1/16
印　　张:	9.75
字　　数:	242 千字
版　　次:	2025 年 7 月第 1 版第 15 次印刷
定　　价:	39.00 元

本书若有印装质量问题,请向出版社营销中心调换
全国免费服务热线:400-6679-118　竭诚为您服务
版权所有　侵权必究

前言

Qianyan

本书是帮助学生复习、自学、掌握章节要点、自我检测学习效果用的辅助教材。本书由绪论、细胞与基本组织、血液、运动系统、消化系统、呼吸系统、泌尿系统、生殖系统、脉管系统、能量代谢与体温、感觉器官、神经系统、内分泌系统以及人体胚胎发育概要14个章节组成。

各章节主要包括解剖学自测题、组织学自测题、生理学自测题等，引导学生由浅入深、由宏观解剖结构到微观组织结构，由形态到生理功能，层层深入，条理清晰，符合学生学习特点，便于学生掌握知识。主要题型有填空题、是非判断题、单项选择题、名词解释、简答题。

本书内容突出基本知识、基本理论和基本概念。各章节通过学习指导部分帮助学生抓住本章节最重要、最基本的内容；通过学习自测部分帮助学生熟练掌握各章节重点内容。书中标有*的检测题为难题，未标*的检测题为基础题，各专业均需掌握。

本书是学习人体解剖、生理学知识的指导用书，也可作为教师备课、教学辅导的参考用书。

由于编写水平有限，敬请广大读者不吝赐教，提出宝贵意见。

编 者

目录

第一章　绪论　/ 1
　　任务一　解剖学自测题　/ 2
　　任务二　生理学自测题　/ 3
第二章　细胞与基本组织　/ 6
　　任务一　组织学自测题　/ 7
　　任务二　生理学自测题　/ 16
第三章　血液　/ 21
　　任务一　组织学自测题　/ 22
　　任务二　生理学自测题　/ 25
第四章　运动系统　/ 30
　　解剖学自测题　/ 34
第五章　消化系统　/ 40
　　任务一　解剖学自测题　/ 44
　　任务二　组织学自测题　/ 48
　　任务三　生理学自测题　/ 53
第六章　呼吸系统　/ 58
　　任务一　解剖学自测题　/ 60
　　任务二　组织学自测题　/ 62
　　任务三　生理学自测题　/ 65
第七章　泌尿系统　/ 70
　　任务一　解剖学自测题　/ 71
　　任务二　组织学自测题　/ 72
　　任务三　生理学自测题　/ 75
第八章　生殖系统　/ 80
　　任务一　解剖学自测题　/ 82
　　任务二　组织学自测题　/ 84
　　任务三　生理学自测题　/ 88

第九章　脉管系统　　　　　　　　　　　　/ 90
　　任务一　解剖学自测题　　　　　　　　/ 95
　　任务二　组织学自测题　　　　　　　　/ 100
　　任务三　生理学自测题　　　　　　　　/ 104

第十章　能量代谢与体温　　　　　　　　/ 110
　　生理学自测题　　　　　　　　　　　　/ 111

第十一章　感觉器官　　　　　　　　　　/ 115
　　任务一　解剖学自测题　　　　　　　　/ 117
　　任务二　组织学自测题　　　　　　　　/ 119
　　任务三　生理学自测题　　　　　　　　/ 119

第十二章　神经系统　　　　　　　　　　/ 123
　　任务一　解剖学自测题　　　　　　　　/ 126
　　任务二　生理学自测题　　　　　　　　/ 132

第十三章　内分泌系统　　　　　　　　　/ 137
　　任务一　解剖学自测题　　　　　　　　/ 139
　　任务二　组织学自测题　　　　　　　　/ 140
　　任务三　生理学自测题　　　　　　　　/ 143

第十四章　人体胚胎发育概要　　　　　　/ 145

第一章 绪 论

【学习指导】

一、人体解剖学的概念

1. 概念:人体解剖学是研究正常人体形态结构的科学。
2. 作用:人体解剖学是一门重要的医学基础课。研究人体的正常生命活动、形态结构及功能的异常变化,都离不开对人体的正常形态结构的掌握。
3. 常用解剖学术语
(1) 解剖学姿势:身体直立,两眼平视前方,上肢下垂于躯干两侧,下肢并拢,手掌和足尖向前。
(2) 方位:上和下;前和后;内侧和外侧;内和外;浅和深;近侧和远侧。
(3) 面:矢状面;冠状面;水平面;横切面与纵切面。

二、人体生理学的概念

1. 概念:人体生理学是研究生物体正常功能活动及其规律的一门科学。
2. 作用:研究人体正常状态各组成部分的功能活动规律及其产生的机制,以及内、外环境变化对这些功能活动的影响和机体所进行的相应调节,并揭示生命活动的意义。
3. 常用生理学概念
(1) 新陈代谢:机体与环境之间进行物质和能量交换的自我更新过程。
(2) 兴奋性:机体、组织对刺激产生反应的能力或特性。
(3) 阈强度:刚能引起组织发生反应的最小刺激强度。
(4) 稳态:内环境的理化性质保持相对稳定的状态。
4. 人体生理功能的调节方式有神经调节、体液调节和自身调节。人体的调节系统是一个由控制部分和受控部分组成的自动控制系统,又称反馈控制系统。

三、组织学的概念

1. 组织学:借助于组织片和显微镜观察的方法研究正常人体组织的微细结构。
2. 胚胎学:研究人体在发生发育过程中形态和结构的变化规律。

【学习检测】

任务一 解剖学自测题

一、填空题

1. 人体解剖学是研究_____的科学。
2. 组成人体的九大系统是_____、_____、_____、_____、_____、_____、_____、_____和_____。

二、是非判断题

3. （　　）解剖学方位术语中，靠近身体正中线者为内，反之为外。
4. （　　）解剖学姿势与立正姿势的区别只有手掌的向前。
5. （　　）人体可分为头部、颈部、躯干部和四肢部四大部分。

三、单项选择题

6. 以解剖姿势为准，近头者为（　　）。
   A. 上　　　B. 下　　　C. 近侧　　　D. 远侧　　　E. 内侧
7. 在四肢，近躯干者为（　　）。
   A. 内侧　　B. 外侧　　C. 近侧　　　D. 远侧　　　E. 内
8. 沿前后方向将人体分为左右两部分的切面为（　　）。
   A. 冠状切面　　　　　B. 矢状切面　　　　　C. 水平切面
   D. 纵切面　　　　　　E. 横切面

四、名词解释

9. 解剖学姿势

10. 系统解剖学

任务二　生理学自测题

一、填空题

1. 生理学是研究生物体＿＿＿＿＿＿＿的科学。
2. 生命活动的基本特征是＿＿＿＿＿＿＿、＿＿＿＿＿＿＿和＿＿＿＿＿＿＿，其中最基本的特征是＿＿＿＿＿＿＿。
3. 新陈代谢包含着＿＿＿＿＿＿＿代谢和＿＿＿＿＿＿＿代谢两个密不可分的过程。
4. 兴奋性是指机体或组织对＿＿＿＿＿＿＿发生＿＿＿＿＿＿＿的能力或特性。
5. 反应的两种表现形式是＿＿＿＿＿＿＿和＿＿＿＿＿＿＿。
6. 强度等于阈值的刺激称为＿＿＿＿＿＿＿,强度小于阈值的刺激称为＿＿＿＿＿＿＿,强度大于阈值的刺激称为＿＿＿＿＿＿＿。
*7. 生殖是指生物体发育成熟后,能够产生与＿＿＿＿＿＿＿相似的个体。
8. 机体内的液体总称为＿＿＿＿＿＿＿,它包括＿＿＿＿＿＿＿和＿＿＿＿＿＿＿两部分,其中＿＿＿＿＿＿＿是细胞直接生存的环境,称为＿＿＿＿＿＿＿。
9. 机体功能活动的调节方式主要有＿＿＿＿＿＿＿、＿＿＿＿＿＿＿和＿＿＿＿＿＿＿三种。
10. 反射活动的结构基础是＿＿＿＿＿＿＿;它由＿＿＿＿＿＿＿、＿＿＿＿＿＿＿、＿＿＿＿＿＿＿、＿＿＿＿＿＿＿和＿＿＿＿＿＿＿五部分组成。
*11. 反馈是由＿＿＿＿＿＿＿部分发出的信息反过来影响＿＿＿＿＿＿＿部分活动的过程。

二、是非判断题

12. （　　）兴奋性是生命活动的最基本特征。
13. （　　）阈强度是指能够引起组织发生反应的刺激强度。
14. （　　）阈值与兴奋性呈正变关系,即阈值越大说明组织的兴奋性越高。
15. （　　）细胞内液是细胞直接生活的体液环境,称为内环境。
16. （　　）机体通过激素所进行的调节方式称为体液调节。

三、单项选择题

17. 衡量组织兴奋性高低的指标是（　　）。
　　A. 动作电位　　　　　　B. 静息电位　　　　　　C. 刺激
　　D. 反应　　　　　　　　E. 阈值
18. 维持人体某种功能的稳态主要依赖于（　　）。
　　A. 神经调节　　　　　　B. 体液调节　　　　　　C. 自身调节
　　D. 负反馈　　　　　　　E. 正反馈
19. 具有快速、短暂、精确特点的调节方式是（　　）。
　　A. 自身调节　　　　　　B. 神经调节　　　　　　C. 体液调节

D. 正反馈　　　　　　　　　E. 负反馈
20. 神经调节的基本方式是(　　)。
A. 反射　　　　　B. 反应　　　　　C. 神经冲动
D. 正反馈　　　　　　　　　E. 负反馈
21. 破坏动物中枢神经系统后,下列何种现象消失?(　　)
A. 反应　　B. 兴奋　　C. 抑制　　D. 反射　　E. 兴奋性
22. 下列哪项活动属于条件反射?(　　)
A. 食物进入口腔后,引起胃腺分泌　　　B. 炎热环境下出汗
C. 望梅止渴　　　　　　　　　　　　　D. 寒冷环境下皮肤血管收缩
E. 大量饮水后尿量增加
23. 下列生理过程中,属于负反馈调节的是(　　)。
A. 排尿反射　　　　　　B. 减压反射　　　　　C. 分娩
D. 血液凝固　　　　　　E. 排便反射

四、名词解释

24. 新陈代谢

25. 兴奋性

26. 阈强度

27. 反射

五、简答题

28. 何谓内环境和稳态？其重要的生理意义是什么？

29. 机体功能活动的调节方式有哪些？各有何特点？

30. 反馈作用方式有哪两种？各有何生理意义？

（张晓丽）

第二章 细胞与基本组织

【学习指导】

一、细胞结构和功能

细胞
- 细胞膜
  - 化学成分：细胞膜由脂类、蛋白质和糖三种成分构成
  - 主要功能：
    - 维持细胞形态
    - 物质交换
      - 单纯扩散
      - 易化扩散
      - 主动转运
      - 出胞和入胞作用
    - 信息传递
  - 生物电：静息电位、动作电位
- 细胞器
  - 有膜细胞器：线粒体、内质网、高尔基复合体、溶酶体
  - 无膜细胞器：核糖体、中心体
- 细胞核：由核膜、核仁、染色质和核基质构成

二、基本组织

基本组织
- 上皮组织
  - 单层上皮
    - 单层扁平上皮
    - 单层立方上皮
    - 单层柱状上皮
    - 假复层纤毛柱状上皮
  - 复层上皮：复层扁平上皮、变移上皮
- 结缔组织
  - 固有结缔组织
    - 疏松结缔组织
    - 致密结缔组织
    - 脂肪组织
    - 网状组织
  - 血液
  - 软骨组织
  - 骨组织
- 肌组织：平滑肌、骨骼肌、心肌
- 神经组织：神经元、神经胶质细胞、神经纤维

【学习检测】

任务一　组织学自测题

一、填空题

1. 细胞由_____、_____和_____三部分构成。
2. 细胞膜由_____、_____和_____三种成分构成。
3. 细胞膜的分子结构当今公认的是"_____"学说。
4. 细胞中主要的细胞器有_____、_____、_____、_____、_____、_____。
5. 合成蛋白质的细胞器是_____，参与细胞消化活动的细胞器是_____。
6. 内质网分为_____和_____两种。
7. 细胞核由_____、_____、_____和_____四部分构成。
8. 人类体细胞共有_____对染色体，其中常染色体_____对，性染色体_____对。
9. 基本组织包括_____、_____、_____和_____四种。
10. 按照分布及功能不同，上皮组织可分为_____、_____和_____三种。
11. 被覆上皮中的单层上皮包括_____、_____、_____和_____四种。
12. 分布于小肠腔面的上皮是_____，分布于呼吸道的上皮是_____。
13. 分布于膀胱腔面的上皮是_____，分布在食管腔面的上皮是_____。
14. 上皮细胞的游离面有_____和_____两种特殊结构。
15. 上皮细胞侧面的特殊连接包括_____、_____、_____和_____。
16. 分泌功能为主的上皮称为_____，以腺上皮为主所构成的器官称为_____，构成腺的分泌细胞称为_____。
17. 上皮朝向体表或有腔器官腔面的一面称为_____，朝向深部结缔组织的一面称为_____。
18. 内分泌腺不同于外分泌腺的特点是无_____，腺细胞之间有丰富的_____，腺细胞的分泌物称为_____。

19. 外分泌腺由_____和_____两部分组成，根据腺的结构和分泌物的不同分为_____、_____和_____三种类型。

20. 疏松结缔组织中的细胞有_____、_____、_____、_____和_____五种。

21. 疏松结缔组织中的纤维有_____、_____、_____三种。

22. 软骨可分为_____、_____和_____三种。

*23. 骨细胞包括_____、_____、_____和_____四种。

*24. 骨发生有_____和_____两种形式。

25. 长骨骨干有_____、_____、_____和_____四种排列方式的骨板。

26. 软骨中_____较多见，耳廓内的软骨是_____，椎间盘的软骨是_____。

27. 一个肌节由_____、_____、_____构成。

28. 三种肌纤维中，呈梭形的是_____，呈分支状，有闰盘的是_____，核多且靠近肌膜的是_____。

29. 肌细胞又称为_____，肌细胞膜又称为_____，肌细胞质又称为_____，肌细胞内质网又称为_____。

*30. 在暗带中有一种浅染的窄带称为_____带，该带中只有_____；在明带中有一条较深的细线，称为_____线，该线的两侧只有_____。

31. 神经组织主要由_____和_____组成。后者对神经元起着营养、_____和_____等作用。

32. 神经元的形态由_____和_____两部分组成。

*33. 神经元胞体细胞质内的两种特殊结构分别是_____和_____。

34. 根据神经元突起的数目不同，神经元可分为_____、_____和_____三种。

35. 神经纤维根据有无髓鞘可分为_____和_____两种。

*36. 感受痛觉的感受器是_____，感受肌肉牵张刺激的感受器是_____，感受触觉的感受器是_____。

二、是非判断题

*37. （　　）线粒体是由双层单位膜构成的椭圆形小体。

38. （　　）单位膜的内、外两层的电子密度低，中间层电子密度高。

39. （　　）粗面内质网与分泌蛋白质的合成有关。

40. （　　）染色质是由 RNA 和蛋白质构成的。

41. （　　）一个细胞只有一个细胞核。

42. （　　）上皮组织内血管和神经都很丰富。

43. （　　）分布于心血管、淋巴管腔面的单层扁平上皮称为间皮。

44.（　）单层上皮组织都是由一种形态的细胞构成的。
45.（　）分泌物可通过导管排出到体表的腺体是外分泌腺。
46.（　）杯状细胞属内分泌细胞。
47.（　）结缔组织由细胞和大量的细胞间质构成。
48.（　）胶原纤维具有弹性好、容易变形的特点。
*49.（　）成纤维细胞和纤维细胞是处于不同功能状态下的同一种细胞，能相互转化。
50.（　）致密结缔组织的特点是细胞成分少，纤维成分多且排列紧密，基质含量少。
51.（　）透明软骨中含有较多的胶原纤维。
52.（　）三种肌纤维内均有大量肌丝，肌丝均组成肌原纤维。
*53.（　）心肌纤维的横小管位于明带与暗带的交界处。
54.（　）神经元的树突可有多个，而轴突只有一个。
55.（　）心肌纤维中只有二联体而没有三联体。
56.（　）神经纤维只是由神经元的长突起构成的。
57.（　）突触前膜和突触后膜上都有接受神经递质的受体。
58.（　）郎飞结只存在于有髓神经纤维中。
59.（　）神经胶质细胞的突起也具有神经传导功能。
*60.（　）有髓神经纤维的结间体越短，郎飞结越多，有髓神经纤维神经冲动的跳跃式传导速度越快。
*61.（　）游离神经末梢感受触觉，环层小体感受冷、热、轻触和痛的刺激。

三、单项选择题

62. 不属于细胞器的结构是（　　）。
　　A. 溶酶体　　　　　　　　B. 中心体　　　　　　　　C. 内质网
　　D. 分泌颗粒　　　　　　　E. 高尔基复合体
63. 细胞器中不是由单位膜构成的是（　　）。
　　A. 线粒体　　　　　　　　B. 内质网　　　　　　　　C. 溶酶体
　　D. 核糖体　　　　　　　　E. 高尔基复合体
*64. 细胞器中为细胞活动提供能量的是（　　）。
　　A. 高尔基复合体　　　　　B. 中心体　　　　　　　　C. 内质网
　　D. 核糖体　　　　　　　　E. 线粒体
65. 细胞核中遗传物质储存在（　　）。
　　A. 核仁　　　　　　　　　B. 核膜　　　　　　　　　C. 染色体
　　D. 核基质　　　　　　　　E. 核糖体
66. 组织内无血管的是（　　）。
　　A. 上皮组织　　　　　　　B. 结缔组织　　　　　　　C. 肌组织
　　D. 神经组织　　　　　　　E. 骨组织
67. 由多种形态的上皮细胞构成的单层上皮是（　　）。
　　A. 单层柱状上皮　　　　　B. 单层立方上皮　　　　　C. 单层扁平上皮
　　D. 假复层纤毛柱状上皮　　E. 变移上皮
68. 被覆上皮中，抗摩擦能力较强的是（　　）。

A. 单层立方上皮　　　　　　B. 变移上皮　　　　　　C. 单层柱状上皮
D. 假复层纤毛柱状上皮　　　E. 复层扁平上皮

69. 以吸收功能为主的上皮是（　　）。
　　A. 单层扁平上皮　　　　　　B. 单层柱状上皮　　　　C. 单层立方上皮
　　D. 复层扁平上皮　　　　　　E. 假复层纤毛柱状上皮

70. 内皮位于（　　）。
　　A. 心血管内表面　　　　　　B. 消化管内表面　　　　C. 支气管内表面
　　D. 输尿管内表面　　　　　　E. 肾小管内表面

71. 间皮分布于（　　）。
　　A. 心内表面　　　　　　　　B. 小肠内表面　　　　　C. 体腔浆膜表面
　　D. 血管内表面　　　　　　　E. 淋巴管内表面

72. 假复层纤毛柱状上皮分布在（　　）。
　　A. 食管　　　　　　　　　　B. 输尿管　　　　　　　C. 气管
　　D. 血管　　　　　　　　　　E. 淋巴管

73. 关于上皮组织的特点以下哪项是不正确的？（　　）
　　A. 细胞排列密集，细胞间质少
　　B. 细胞排列和结构有极性
　　C. 细胞基部均附着于基膜上
　　D. 细胞游离面有不同的特殊结构
　　E. 无血管，有神经末梢

74. 下列哪一种不属于细胞间连接？（　　）
　　A. 桥粒　　　　　　　　　　B. 半桥粒　　　　　　　C. 紧密连接
　　D. 缝隙连接　　　　　　　　E. 中间连接

*75. 细胞侧面的连接结构中，可以传递信息的是（　　）。
　　A. 紧密连接　　　　　　　　B. 中间连接　　　　　　C. 桥粒
　　D. 缝隙连接　　　　　　　　E. 半桥粒

76. 疏松结缔组织中，胞质中充满粗大的蓝紫色颗粒的细胞是（　　）。
　　A. 成纤维细胞　　　　　　　B. 肥大细胞　　　　　　C. 浆细胞
　　D. 巨噬细胞　　　　　　　　E. 淋巴细胞

77. 疏松结缔组织中，能产生抗体的细胞是（　　）。
　　A. 肥大细胞　　　　　　　　B. 成纤维细胞　　　　　C. 脂肪细胞
　　D. 巨噬细胞　　　　　　　　E. 浆细胞

78. 下列哪个不是疏松结缔组织中的纤维？（　　）
　　A. 肌原纤维　　　　　　　　B. 胶原纤维　　　　　　C. 弹性纤维
　　D. 网状纤维　　　　　　　　E. 以上都不是

*79. 脂肪组织主要分布于（　　）。
　　A. 皮下　　　　　　　　　　B. 网膜　　　　　　　　C. 系膜
　　D. 黄骨髓　　　　　　　　　E. 以上都是

*80. 骨组织的细胞中，有多个细胞核的是（　　）。

A. 骨原细胞 B. 骨细胞 C. 成骨细胞
D. 破骨细胞 E. 软骨细胞

*81. 下列骨板中,称为骨单位的是(   )。
A. 外环骨板 B. 内环骨板 C. 哈佛氏骨板
D. 间骨板 E. 密质骨

*82. 弹性软骨与透明软骨的主要区别是(   )。
A. 纤维类型不同 B. 纤维数量和排列不同 C. 基质成分不同
D. 软骨细胞分布不同 E. 软骨膜不同

*83. 三种软骨分类的主要依据是(   )。
A. 部位不同 B. 细胞成分不同 C. 纤维成分不同
D. 基质成分不同 E. 间质的密度不同

84. 透明软骨位于(   )。
A. 鼻 B. 喉 C. 气管
D. 支气管 E. 以上都是

85. 肌膜陷入肌纤维内形成(   )。
A. 肌浆网 B. 肌节 C. 肌原纤维
D. 终池 E. 横小管

86. 电镜观察骨骼肌纤维,只有粗肌丝而无细肌丝的是(   )。
A. I 带 B. H 带 C. A 带
D. A 带和 H 带 E. 以上都不是

87. 心肌细胞的结构特点为(   )。
A. 有三联体 B. 横小管比骨骼肌的细 C. 肌浆较稀疏
D. 有闰盘 E. 肌原纤维明显

88. 闰盘是下列哪种纤维中的特殊结构?(   )
A. 骨骼肌纤维 B. 平滑肌纤维 C. 心肌纤维
D. 肌原纤维 E. 神经纤维

*89. 尼氏体位于(   )。
A. 神经元胞体 B. 神经元突起 C. 突触前成分
D. 突触后成分 E. 突触间隙

90. 神经元按功能分类中,不含有(   )。
A. 传入神经元 B. 传出神经元 C. 中间神经元
D. 双极神经元 E. 以上都不是

91. 有髓神经纤维传导速度快是由于(   )。
A. 神经元胞体大 B. 轴突较粗 C. 有郎飞结
D. 轴突内含突触小泡多 E. 轴突内有大量神经原纤维

*92. 下列属于运动神经末梢的是(   )。
A. 环层小体 B. 运动终板 C. 触觉小体
D. 肌梭 E. 游离神经末梢

93. 下列哪种不属于感受器?(   )

A. 触觉小体 B. 肌梭 C. 环层小体
D. 运动终板 E. 游离神经末梢

*94. 参与血-脑屏障的胶质细胞是(   )。
A. 星形胶质细胞 B. 少突胶质细胞 C. 小胶质细胞
D. 施旺细胞 E. 室管膜细胞

四、名词解释

*95. 细胞器

*96. 溶酶体

*97. 内皮

*98. 间皮

*99. 微绒毛

＊100. 纤毛

＊101. 骨板

102. 骨单位

103. 肌节

104. 三联体

105. 骨密度

106．软骨内成骨

107．膜内成骨

108．突触

109．神经纤维

110．神经末梢

五、简答题
111．简述"液态镶嵌模型"学说的基本内容。

112. 内、外分泌腺的区别是什么？

113. 疏松结缔组织中的三种纤维各有何特点？

114. 比较三种肌纤维的光镜结构。

115. 长骨是如何增长的？

116. 骨原细胞来源于何种细胞？又如何分化为骨细胞？

117. 简述突触的电镜结构。

*118. 试述一个多极神经元的形态结构。

任务二　生理学自测题

一、填空题

1. 细胞膜的物质转运方式有_____、_____、_____、

_____。

2. 载体易化扩散的特点是_____、_____和_____。

3. 细胞膜上有多种离子泵,最重要的是_____泵。

4. 静息电位是指在_____状态下,存在于细胞膜两侧的_____。

5. 动作电位是指细胞受刺激时,在_____的基础上发生一次快速的、可扩布性的_____变化。

6. 静息电位去极化达到_____是产生动作电位的必要条件。

*7. 动作电位在同一细胞上的扩布称为_____,动作电位在神经纤维上的传导称为_____。

8. 动作电位传导的特点是_____、_____和_____。

9. 兴奋-收缩耦联的结构基础是_____,耦联的关键物质是_____。

二、是非判断题

10. (　)单纯扩散主要转运脂溶性的小分子物质。

11. (　)易化扩散需要钠泵参与,是耗能的转运过程。

12. (　)出胞和入胞是细胞膜转运大分子或团块物质的有效方式。

13. (　)静息电位主要是钠离子内流形成的电-化学平衡电位。

14. (　)动作电位的传导是局部电流作用的结果。

15. (　)长度不变、张力增加的收缩是等张收缩。

三、单项选择题

16. O_2和CO_2在细胞膜的扩散方式是(　　)。
    A. 单纯扩散　　　　　　　B. 通道转运　　　　　　　C. 载体转运
    D. 主动转运　　　　　　　E. 出胞和入胞

17. 物质顺电化学梯度通过细胞膜属于(　　)。
    A. 主动转运　　　　　　　B. 被动转运　　　　　　　C. 单纯扩散
    D. 易化扩散　　　　　　　E. 吞噬作用

18. 安静时细胞膜内K^+向膜外移动是通过(　　)。
    A. 单纯扩散　　　　　　　B. 易化扩散　　　　　　　C. 主动转运
    D. 出胞作用　　　　　　　E. 被动转运

19. 运动神经纤维末梢释放乙酰胆碱属于(　　)。
    A. 单纯扩散　　　　　　　B. 易化扩散　　　　　　　C. 主动转运
    D. 出胞　　　　　　　　　E. 入胞

20. 葡萄糖在细胞膜上的扩散方式是(　　)。
    A. 主动转运　　　　　　　B. 单纯扩散　　　　　　　C. 易化扩散
    D. 入胞　　　　　　　　　E. 吞饮

21. 在静息时,细胞膜外正内负的稳定状态称为(　　)。
    A. 极化　　　　　　　　　B. 超极化　　　　　　　　C. 反极化
    D. 复极化　　　　　　　　E. 去极化

22. 神经细胞动作电位上升支的产生是由于(　　)。
    A. K^+内流　　　　　　　B. Cl^-外流　　　　　　　C. Na^+内流

D. Na^+ 外流 　　　　　　　E. K^+ 外流

23. 神经纤维膜电位由 -70 mV 变为 -30 mV 的过程称为(　　)。
    A. 极化　　　　　　　B. 去极化　　　　　　C. 复极化
    D. 反极化　　　　　　E. 超极化

24. 细胞在静息情况下,对下列哪种离子通透性最大?(　　)
    A. K^+ 　　　　　　　B. Na^+ 　　　　　　C. Cl^-
    D. Ca^{2+} 　　　　　E. Mg^{2+}

25. 各种可兴奋组织产生兴奋的共同标志是(　　)。
    A. 腺体分泌　　　　　B. 肌肉收缩　　　　　C. 神经冲动
    D. 动作电位　　　　　E. 局部电位

26. 引起动作电位的刺激必须是(　　)。
    A. 物理刺激　　　　　B. 化学刺激　　　　　C. 电刺激
    D. 阈下刺激　　　　　E. 阈刺激或阈上刺激

27. 骨骼肌兴奋-收缩耦联中起关键作用的离子是(　　)。
    A. Na^+ 　　　　　　B. K^+ 　　　　　　C. Ca^{2+}
    D. Cl^- 　　　　　　E. Mg^{2+}

28. 骨骼肌兴奋收缩耦联的结构基础是(　　)。
    A. 肌质网　　　　　　B. 终池　　　　　　　C. 横管
    D. 三联体　　　　　　E. 纵管

*29. 固定肌肉两端,给予一次刺激时产生的收缩形式是(　　)。
    A. 等长收缩　　　　　B. 等张收缩　　　　　C. 混合性收缩
    D. 强直收缩　　　　　E. 不完全性收缩

四、名词解释

*30. 主动转运

31. 静息电位

32. 动作电位

＊33．兴奋-收缩耦联

五、简答题

34．细胞膜的物质转运方式有几种？各有何特点？

＊35．试述静息电位与动作电位的主要区别。

＊36．试述动作电位的特点和产生机制。

*37. 简述骨骼肌神经-肌接头处兴奋的传递过程。

(孟庆鸣)

第三章 血 液

【学习指导】

一、血液组成和功能

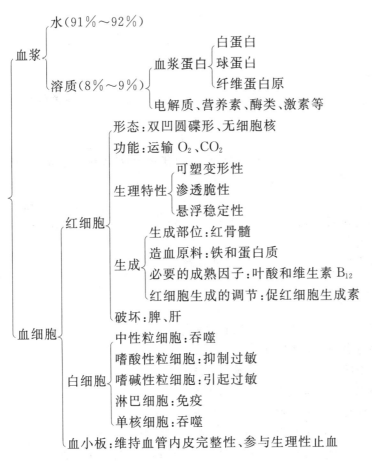

二、血液凝固与纤维蛋白溶解

血液凝固基本步骤：凝血酶原激活物的形成、凝血酶形成、纤维蛋白形成。

三、血型与输血

血型：血细胞膜表面特异性抗原的类型，已确认的红细胞血型系统有30余种。

【学习检测】

任务一　组织学自测题

一、填空题

1. 血液是一种红色液体,由_____和_____构成。
2. 血细胞分_____、_____两种。
3. 成熟的红细胞呈_____状,无_____和_____,胞质内充满_____。
* 4. 正常成年男性血液中红细胞的正常值为_____,女性为_____。
* 5. 正常成年男性血液中血红蛋白含量为_____,女性为_____。
* 6. 正常成年人血液中白细胞的正常值为_____。
7. 淋巴细胞可分为_____和_____两种,其中前者可参与_____免疫,后者可参与_____免疫。
8. 白细胞根据胞质内有无_____,可分为_____和_____两类。其中_____可分为中性粒细胞、嗜酸性粒细胞和嗜碱性粒细胞;_____白细胞包括淋巴细胞和_____。
* 9. 血小板是骨髓内_____细胞脱下来的_____,有细胞_____;在血涂片中,血小板形态不规则,常聚集在_____,血小板在_____过程中起重要作用。
10. 血小板的正常值为_____,主要功能是_____和_____。

二、是非判断题

11. (　　)成熟的红细胞既没有细胞核也没有细胞器。
12. (　　)红细胞的寿命一般为 12~14 天。
* 13. (　　)幼儿血液中的红细胞含量低于成年人。
14. (　　)中性粒细胞和单核细胞都具有吞噬作用。
15. (　　)嗜酸性粒细胞核的分叶数多于中性粒细胞。
16. (　　)循环血液中的淋巴细胞以中、小型居多。
17. (　　)各种血细胞在发生过程中的幼稚阶段均分为早、中、晚 3 个时期。

三、单项选择题

* 18. 抽取血液抗凝后离心沉淀,血液分为三层,从上至下为(　　)。
 A. 血清—白细胞—红细胞　　　　　　B. 血清—红细胞—白细胞
 C. 血浆—白细胞—红细胞　　　　　　D. 血浆—红细胞—白细胞
 E. 血浆—血小板—红细胞和白细胞
19. 关于成熟红细胞,不正确的描述是(　　)。
 A. 双面凹圆盘状　　　　　　　　　　B. 有一个核

C. 胞质内含有血红蛋白 　　　　　　　　D. 能运输 O_2 和 CO_2
E. 无细胞核

*20. 下列哪项与红细胞不符？（　　）
A. 细胞本身呈红色　　　B. 无细胞核　　　C. 无细胞器
D. 能携带氧气　　　E. 膜表面有 ABO 血型抗原

21. 区别有粒白细胞和无粒白细胞的主要依据是（　　）。
A. 细胞大小　　　B. 有无特殊颗粒　　　C. 细胞核形态
D. 有无吞噬功能　　　E. 有无嗜天青颗粒

*22. 区别三种有粒白细胞的主要依据是（　　）。
A. 细胞大小　　　B. 细胞核形态　　　C. 有无嗜天青颗粒
D. 颗粒的数量　　　E. 以上均不对

23. 具有吞噬功能的白细胞是（　　）。
A. 中性粒细胞　　　B. 嗜酸性粒细胞　　　C. 嗜碱性粒细胞
D. 淋巴细胞　　　E. 巨噬细胞

24. 具有抗过敏功能的白细胞是（　　）。
A. 单核细胞　　　B. 嗜碱性粒细胞　　　C. 淋巴细胞
D. 嗜酸性粒细胞　　　E. 中性粒细胞

25. 白细胞中数量最多的是（　　）。
A. 嗜酸性粒细胞　　　B. 嗜碱性粒细胞　　　C. 淋巴细胞
D. 单核细胞　　　E. 中性粒细胞

26. 体积最大，细胞核呈肾形或马蹄形的是（　　）。
A. 淋巴细胞　　　B. 嗜碱性粒细胞　　　C. 单核细胞
D. 中性粒细胞　　　E. 嗜酸性粒细胞

27. 胞质内含有粗大红色颗粒的细胞是（　　）。
A. 单核细胞　　　B. 嗜碱性粒细胞　　　C. 嗜酸性粒细胞
D. 中性粒细胞　　　E. 淋巴细胞

四、名词解释

*28. T 细胞

29. 造血干细胞

30. 网织红细胞

五、简答题

*31. 在光镜下如何区分成熟的红细胞和网织红细胞？

*32. 红细胞在发生过程中的变化规律是什么？

33. 在光镜下淋巴细胞与单核细胞的主要区别是什么？

34. 光镜下三种有粒白细胞最大的区别点是什么？

任务二　生理学自测题

一、填空题

1. 血液由_____和_____两部分组成。
2. 血细胞分为_____、_____和_____。
3. 血浆蛋白包括_____、_____和_____三类。
4. 血浆渗透压由_____和_____两部分构成。
5. 临床常用的等渗溶液是_____和_____溶液。
6. 红细胞的主要功能是_____、_____。
7. 红细胞生成的基本原料有_____和_____。
8. 正常成人白细胞总数为_____，正常成人的血小板数量为_____。
9. 血小板的主要生理功能有_____和_____。
10. 血液凝固的三个步骤是_____、_____和_____。
11. 血浆中最重要的抗凝物质是_____和_____。

二、是非判断题

12. (　　)血细胞比容是指白细胞占全血的容积百分比。
13. (　　)白蛋白是形成血浆胶体渗透压的主要物质。
14. (　　)中性粒细胞和单核细胞都具有吞噬功能。
15. (　　)血液凝固有内源性和外源性两条激活途径。
16. (　　)血清与血浆的主要区别在于血清中不含血浆蛋白。
17. (　　)AB 型血可少量、缓慢地输给 A 型和 B 型血的患者。

三、单项选择题

18. 血细胞比容是指血细胞(　　)。
  A. 占血浆容积之比　　　　B. 占血管容积之比
  C. 占白细胞容积之比　　　D. 占全血重量的百分比

E. 占全血容积的百分比

*19. 全血的黏滞性主要取决于（　　）。
　　A. 血浆蛋白含量　　　　　B. 红细胞数量　　　　　C. 白细胞数量
　　D. 红细胞的叠连　　　　　E. NaCl 的浓度

20. 正常人血浆 pH 值为（　　）。
　　A. 7.05～7.15　　　　　　B. 7.15～7.25　　　　　C. 7.35～7.45
　　D. 7.65～7.75　　　　　　E. 8.35～8.45

21. 血浆胶体渗透压的生理作用是（　　）。
　　A. 调节血管内外水的平衡　　B. 调节细胞内外水的交换
　　C. 维持细胞正常体积　　　　D. 维持细胞正常形态
　　E. 决定血浆总渗透压

22. 形成血浆胶体渗透压的主要物质是（　　）。
　　A. NaCl　　　　　　　　　B. 葡萄糖　　　　　　　C. 白蛋白
　　D. 球蛋白　　　　　　　　E. 血红蛋白

23. 血浆晶体渗透压明显降低时会导致（　　）。
　　A. 组织液增多　　　　　　B. 红细胞膨胀　　　　　C. 红细胞萎缩
　　D. 红细胞不变　　　　　　E. 体液减少

24. 下列哪项为等渗溶液？（　　）
　　A. 0.9%NaCl 溶液　　　　B. 10%葡萄糖溶液　　　C. 1.9%尿素溶液
　　D. 20%甘露醇溶液　　　　E. 0.85%葡萄糖溶液

*25. 红细胞渗透脆性增加将会（　　）。
　　A. 加速凝血　　　　　　　B. 易于溶血　　　　　　C. 延长出血时间
　　D. 使血沉加快　　　　　　E. 使红细胞易在微小孔隙处滞留

*26. 某患者在胃大部分切除后出现巨幼红细胞性贫血，其原因是（　　）。
　　A. 蛋白质吸收障碍　　　　B. 叶酸吸收障碍　　　　C. 维生素 B_{12} 吸收障碍
　　D. 脂肪吸收障碍　　　　　E. 铁吸收障碍

*27. 小细胞性贫血通常是由于缺乏（　　）。
　　A. 维生素 C　　　　　　　B. 铁离子　　　　　　　C. 钙离子
　　D. 氨基酸　　　　　　　　E. 维生素 D

28. 红细胞在血管外破坏的主要场所是（　　）。
　　A. 肾、肝　　　　　　　　B. 脾、肝　　　　　　　C. 肾、脾
　　D. 胸腺、骨髓　　　　　　E. 骨髓、淋巴结

*29. 某患者在胃大部分切除后出现巨幼红细胞性贫血的原因是对（　　）吸收障碍。
　　A. 蛋白质　　　　　　　　B. 叶酸　　　　　　　　C. 维生素 B_{12}
　　D. 脂肪　　　　　　　　　E. 铁

30. 血红蛋白的主要功能是运输（　　）。
　　A. O_2　　　　　　　　　B. NaCl　　　　　　　　C. H^+
　　D. 营养物质　　　　　　　E. 各种离子

31. 下列关于血小板的生理特性，哪一项叙述是错误的？（　　）

A. 吞噬 B. 释放 C. 吸附
D. 血块回缩 E. 黏着与聚集

*32. 某女,患急性梗阻性化脓性胆管炎,化验检查显著增多的是(　　)。
A. 红细胞 B. 血小板 C. 嗜酸性粒细胞
D. 单核细胞 E. 中性粒细胞

*33. 淋巴细胞主要参与(　　)。
A. 纤溶过程 B. 过敏反应 C. 吞噬过程
D. 特异性免疫反应 E. 非特异性免疫反应

*34. 血小板减少的患者,皮肤黏膜常自发性出现出血点和紫癜,主要是由于(　　)。
A. 不易形成止血栓 B. 血管不易收缩
C. 不能维持血管内皮的完整性 D. 血凝块回缩障碍
E. 血液凝固障碍

35. 参与生理性止血的血细胞是(　　)。
A. 红细胞 B. 巨噬细胞 C. 淋巴细胞
D. 血小板 E. 嗜酸性粒细胞

36. 血清与血浆的主要区别在于血清中缺乏(　　)。
A. 纤维蛋白 B. 纤维蛋白原 C. 凝血因子
D. 血小板 E. Ca^{2+}

37. 血液凝固的发生是由于(　　)。
A. 纤维蛋白溶解 B. 纤维蛋白的激活
C. 纤维蛋白原变为纤维蛋白 D. 血小板聚集与红细胞叠连
E. 因子Ⅷ的激活

38. 内源性凝血途径的启动因子是(　　)。
A. 因子Ⅻ B. 因子Ⅱ C. 因子Ⅹ
D. 因子Ⅶ E. 因子Ⅰ

39. 外源性凝血途径的启动因子是(　　)。
A. 因子Ⅱ B. 因子Ⅲ C. 因子Ⅶ
D. 因子Ⅸ E. 因子Ⅻ

*40. 肝素抗凝的主要机制是(　　)。
A. 抑制凝血酶原的激活 B. 抑制因子Ⅹ的激活
C. 促进纤维蛋白吸附凝血酶 D. 增强抗凝血酶Ⅲ活性
E. 抑制血小板聚集

41. ABO血型分类是根据(　　)。
A. 血浆中凝集原类型 B. 血浆中凝集素类型
C. 红细胞膜上受体类型 D. 红细胞膜上凝集原类型
E. 红细胞膜上凝集素类型

42. Rh阳性是指红细胞膜上含有(　　)。
A. C抗原 B. A抗原 C. D抗原
D. E抗原 E. B抗原

*43. 下列哪种物质缺乏可以延缓血液凝固?(　　)
　　A. K^+　　　　　　　　B. Na^+　　　　　　　　C. Ca^{2+}
　　D. 维生素 B_{12}　　　　E. 维生素 E

44. 正常成年人的血量占体重的(　　)。
　　A. 7%～8%　　　　　　B. 15%～20%　　　　　C. 20%～40%
　　D. 45%～50%　　　　　E. 50%～60%

*45. 某人的红细胞与 A 型血的血清发生凝集,其血清与 A 型血的红细胞也发生凝集,此人的血型是(　　)。
　　A. A 型　　　　　　　　B. B 型　　　　　　　　C. AB 型
　　D. O 型　　　　　　　　E. Rh 型

*46. 输血时最不易找到合适给血者的血型是(　　)。
　　A. Rh 阴性 O 型　　　　B. Rh 阳性 O 型　　　　C. Rh 阳性 AB 型
　　D. Rh 阴性 AB 型　　　E. Rh 阴性 B 型

*47. Rh 阴性母亲,其胎儿若为 Rh 阳性,胎儿生后易患(　　)。
　　A. 血友病　　　　　　　B. 白血病　　　　　　　C. 红细胞增多症
　　D. 新生儿溶血病　　　　E. 巨幼红细胞性贫血

四、名词解释

48. 血细胞比容

49. 等渗溶液

50. 血液凝固

51. 血型

五、简答题

52. 红细胞生成需要哪些条件？当这些条件异常或缺乏时会发生何种类型的贫血？

53. 简述血液凝固的基本过程。

54. ABO血型系统是如何分型的？

（周树启）

第四章 运动系统

【学习指导】

骨及骨连结

一、概述

(一) 骨

1. 骨的形态与分类

   - 长骨：长管状。两端为骺，体为骨干，内为髓腔，容纳骨髓。布于四肢
   - 短骨：立方形，如腕骨、跗骨
   - 扁骨：板状，构成体腔，如顶骨、胸骨、肋骨
   - 不规则骨：形态不规则，如椎骨、下颌骨

2. 骨的构造

   - 骨膜：为致密结缔组织，对骨有营养、保护、生长和修复作用
   - 骨质
     - 骨密质：分布于骨的表面和骨干
     - 骨松质：分布于骨内部，海绵状，骨小梁排列方向与其受力方向一致
   - 骨髓
     - 红骨髓：有造血功能，分布于骨松质间隙内
     - 黄骨髓：有造血潜能，分布于骨髓腔

3. 骨的化学成分和物理特性

   化学成分
   - 有机质：骨胶原纤维和黏多糖蛋白，使骨具有一定的韧性和弹性
   - 无机质：磷酸钙和碳酸钙，使骨具有一定的硬度

   物理特性如下。

	有机质	无机质	特 点
成人骨	约占1/3	约占2/3	既有韧性和弹性，又有硬度
小儿骨	较多	较少	韧性大，易变形
老年骨	较少	较多	脆性大，易骨折

（二）骨连结

- 直接连结
  - 纤维连结：骨与骨间借致密结缔组织相连。如骨缝、骨间膜
  - 软骨连结：骨与骨间借软骨相连。如椎间盘
  - 骨性结合：骨与骨间借骨组织相连。如骶骨
- 间接连结（关节＊）：骨与骨之间借结缔组织囊相连，活动度较大

＊关节的基本结构
- 关节面：骨与骨之间相邻的面，骨面上覆有软骨
- 关节囊：外层为纤维膜，内层为滑膜
- 关节腔：密闭腔隙，内为负压，有少量滑液

＊关节的运动形式：屈与伸、内收与外展、旋内与旋外、环转

二、躯干骨及其连结

- 椎体
  - 骨
    - 椎骨
      - 椎体：短圆柱形
      - 椎弓
        - 椎弓板
        - 椎弓根
    - 骶骨1块：倒三角形，由5块骶椎融合而成
    - 尾骨1块
  - 骨连结
    - 直接连结：椎间盘、韧带（3长，2短）
    - 间接连结：关节突关节、寰枢关节、寰枕关节
- 胸廓
  - 组成：12块胸椎、12对肋骨和1块胸骨
  - 形态：前后略扁的圆锥形
    - 上口：由第1胸椎、第1肋和胸骨柄上缘组成
    - 下口：由第12胸椎、第12肋、第11肋前端、肋弓和剑突围成
  - 作用：支撑、保护、参与呼吸运动

三、颅骨及其连结

- 颅骨（23块）
  - 脑颅（8块）
    - 成对：顶骨、颞骨
    - 不成对：额骨、枕骨、蝶骨、筛骨
  - 面颅（15块）
    - 成对：上颌骨、腭骨、颧骨、下鼻甲骨、泪骨、鼻骨
    - 不成对：舌骨、犁骨、下颌骨
- 颅的整体观
  - 颅顶面：冠状缝、矢状缝、人字缝（颅囟）
  - 颅底内面
    - 颅前窝：筛板、筛孔
    - 颅中窝：垂体窝、眶上裂、圆孔、卵圆孔、棘孔
    - 颅后窝：枕骨大孔、颈静脉孔、乙状窦沟、内耳门
  - 颅底外面
    - 前区：骨腭、上牙槽弓
    - 后区：枕骨大孔、枕外隆凸、乳突、下颌窝、关节结节
  - 颅的侧面：外耳门、颧弓、颞窝、翼点
  - 颅的前面
    - 眶：视神经管、眶上裂
    - 骨性鼻腔：外侧壁有上、中、下鼻甲和鼻道及蝶筛隐窝
    - 鼻窦：额窦、筛窦、蝶窦、上颌窦

颞下颌关节：由下颌头与颞骨的下颌窝和关节结节组成。

四、四肢骨及其连结

1. 上肢骨及其连结

上肢骨
- 上肢带骨(锁骨与肩胛骨):关节盂、肩胛冈、肩峰、喙突
- 自由上肢骨
  - 肱骨:肱骨头、解剖颈、大小结节(嵴)、外科颈、桡神经沟、三角肌粗隆、肱骨滑车、肱骨小头、鹰嘴窝、内上髁、尺神经沟、外上髁
  - 尺骨:鹰嘴、冠突、桡切迹、滑车切迹、尺骨头、尺骨茎突
  - 桡骨:桡骨头(凹)、环状关节面、桡骨粗隆、尺切迹、茎突
  - 手骨
    - 腕骨:共8块,分为近侧列与远侧列
    - 掌骨:共5块
    - 指骨:共14块

上肢骨连结
- 肩关节:由关节盂和肱骨头组成
- 肘关节:由肱骨下端和桡、尺骨的上端组成复合关节
- 桡腕关节:由桡骨下端和手舟骨、月骨、三角骨组成

2. 下肢骨及其连结

下肢骨
- 下肢带骨(髋骨):由髂骨、坐骨、耻骨组成
- 自由下肢骨
  - 股骨:股骨头、大转子、小转子、臀肌粗隆、内侧髁、外侧髁
  - 髌骨
  - 胫骨:内侧髁、外侧髁、髁间隆起、胫骨粗隆、内踝
  - 腓骨:腓骨头、外踝
  - 足骨:跗骨7块、跖骨5块、趾骨14块

下肢骨连结
- 骨盆:由左右髋骨、骶骨和尾骨围成,分为大骨盆和小骨盆
- 髋关节:由髋臼和股骨头构成
- 膝关节:由股骨下端、胫骨上端和髌骨构成
- 距小腿关节(踝关节):由胫骨、腓骨的下端和距骨构成

足弓:足骨通过关节的韧带紧密相连,在纵横方向上都形成凸向上方的弓形。

肌

一、概述

(一)肌的形态分类与分布

形态分类	长肌	短肌	扁肌	轮匝肌
主要分布	四肢	躯干的深部	胸腹壁	孔裂周围

(二)肌的结构

肌腹(由肌组织构成)、肌腱(由致密结缔组织构成)。

（三）肌的辅助结构

1. 筋膜 { 浅筋膜：由疏松结缔组织构成，可保护肌和深部器官
         深筋膜：由致密结缔组织构成，形成肌间隔
2. 腱鞘：套在长肌腱外面的双层鞘，对肌腱有固定和减少摩擦的作用
3. 滑膜囊：含有滑液的结缔组织囊，可减少骨和肌腱之间的摩擦

二、躯干肌

躯干肌 {
- 背肌 { 浅层：斜方肌、背阔肌
         深层：竖脊肌 }
- 胸肌：胸大肌、肋间肌
- 膈：重要呼吸肌，收缩时吸气，舒张时呼气。上有 3 个裂孔
- 腹肌 { 腹前外侧群：腹直肌、腹外斜肌、腹内斜肌、腹横肌
         腹后肌：腰方肌 }
- 会阴肌：封闭小骨盆下口
}

三、头颈肌

头肌：面肌（眼轮匝肌、口轮匝肌）、咀嚼肌（咬肌、颞肌）

颈肌：胸锁乳突肌

四、四肢肌

上肢肌 {
- 肩肌：三角肌
- 臂肌 { 前群：肱二头肌
         后群：肱三头肌 }
- 前臂肌 { 前群：9 块，屈肘、屈腕、屈指、腕收展、前臂旋前
           后群：10 块，伸腕、伸指、腕收展、前臂旋后 }
- 手肌
}

下肢肌 {
- 髋肌 { 前群：髂腰肌
         后群：臀大肌、梨状肌 }
- 股肌 { 前群：股四头肌、缝匠肌
         内侧群：内收肌群
         后群：股二头肌、半腱肌、半膜肌 }
- 小腿肌 { 前群
           外侧群
           后群：小腿三头肌 }
- 足肌
}

【学习检测】

解剖学自测题

一、填空题

1. 运动系统是由_____、_____和_____共同构成的。
2. 骨按照形态可分为_____、_____、_____和_____四种。
3. 骨的结构由_____、_____和_____构成。
4. 成年人的红骨髓位于_____,黄骨髓位于_____,红骨髓具有_____功能。
5. 关节的基本结构包括_____、_____和_____。
*6. 关节囊的外层为_____,内层为_____。
7. 脊柱是由_____块颈椎、_____块胸椎、_____块腰椎、_____块骶骨和_____块尾骨构成的。
8. 椎骨的前部呈短圆柱状的是_____,后部呈弓形的称为_____。
9. 椎体与椎弓围成的孔称为_____,它们彼此上下连续、组合形成_____。
10. 各个椎骨可通过_____、_____和_____三种结构连结,形成脊柱。
11. 脊柱的生理性弯曲中,凸向前的是_____和_____,凸向后的是_____和_____。
12. 胸骨从上到下分为_____、_____和_____三部分。
*13. 胸廓的上口由_____、_____和_____围成,下口由_____、_____、_____和_____围成。
14. 颅顶的三个骨缝中,位于额骨与顶骨之间的是_____,位于两侧顶骨之间的是_____,位于顶骨与枕骨之间的是_____。
15. 鼻旁窦有_____、_____、_____和_____四对。
*16. 颞下颌关节是由下颌骨的_____与颞骨的_____构成的。
17. 肘关节是由_____、_____和_____三个关节构成的。
*18. 髋骨是一块不规则骨,由_____、_____和_____三块骨共同构成,其汇合处肥厚,外侧有一深窝,称为_____。

*19. 连结骶骨与坐骨之间两条强大的韧带是_____和_____。

20. 膝关节腔内有前、后_____和内、外侧_____两种结构。

21. 肌的结构由_____和_____构成。

22. 背部浅层的两块扁肌中,位于上部的是_____,位于下部的是_____。

23. 一侧胸锁乳突肌收缩,可使头偏向_____侧,面转向_____侧,双侧收缩,头_____。

24. 腹前外侧壁的三块扁肌中,由浅入深依次是_____、_____和_____。

*25. 腹股沟管内在男性通过_____,在女性通过_____。

26. 大腿肌中,能伸膝关节的肌是_____。

27. 小腿三头肌由浅层的_____和深层的_____二头肌构成。

二、是非判断题

28. (　　)6岁以前的小儿,所有的骨髓都是红骨髓。

29. (　　)椎骨中央的孔称为椎间孔,可以连成椎管。

*30. (　　)第1颈椎称为寰椎,第2颈椎称为隆椎。

31. (　　)脊柱的生理弯曲中,只有胸曲是凸向后的。

*32. (　　)肋沟位于肋骨体内面的下缘。

33. (　　)翼点位于额骨、顶骨、颞骨和颧骨的交界处。

34. (　　)新生儿颅骨的囟中,前囟最大,呈菱形。

35. (　　)肩关节与髋关节的运动形式是一样的。

36. (　　)髋骨是由上部的髂骨、前下部的坐骨和后下部的耻骨构成的。

37. (　　)胸大肌位于各个肋间隙内,收缩后可运动肋骨。

38. (　　)膈是向上膨隆状的扁肌,分隔胸腔和腹腔。

*39. (　　)腹外斜肌的肌纤维方向是斜向前下方。

40. (　　)三角肌的主要作用是使肩关节外展。

41. (　　)小腿三头肌的作用是使距小腿关节跖屈。

三、单项选择题

42. 分布于四肢的骨主要是(　　)。
    A. 短骨　　　　　　　B. 不规则骨　　　　　C. 扁骨
    D. 长骨　　　　　　　E. 以上都不是

43. 不属于关节基本结构的是(　　)。
    A. 关节盘　　　　　　B. 关节腔　　　　　　C. 关节面
    D. 关节囊　　　　　　E. 以上都不是

*44. 椎骨的突起中,单个的是(　　)。
    A. 横突　　　　　　　B. 棘突　　　　　　　C. 上关节突
    D. 下关节突　　　　　E. 以上都不是

*45. 下列属于颈椎的特点是(　　)。
    A. 棘突长　　　　　　B. 有横突孔　　　　　C. 棘突呈板状

D. 椎体上有肋凹 　　　　　　E. 椎体粗大

*46. 具有齿突的椎骨是（　　）。
A. 枢椎　　　　　　B. 隆椎　　　　　　C. 胸椎
D. 腰椎　　　　　　E. 骶椎

*47. 下列属于胸椎特点的是（　　）。
A. 椎体较大　　　　B. 有横突孔　　　　C. 椎体上有肋凹
D. 棘突呈板状　　　E. 椎体较小

*48. 连接椎骨之间的短韧带是（　　）。
A. 前纵韧带　　　　B. 黄韧带　　　　　C. 后纵韧带
D. 棘上韧带　　　　E. 以上都不是

*49. 连接相邻椎弓板之间的韧带是（　　）。
A. 前纵韧带　　　　B. 棘上韧带　　　　C. 黄韧带
D. 棘间韧带　　　　E. 后纵韧带

*50. 没有参与构成胸廓的骨是（　　）。
A. 胸椎　　　　　　B. 肋　　　　　　　C. 胸骨
D. 肩胛骨　　　　　E. 以上都不是

51. 构成肋弓的肋软骨为（　　）。
A. 第1～7肋软骨　　B. 第7～10肋软骨　　C. 第8～12肋软骨
D. 第11、12肋软骨　E. 第1～10肋软骨

52. 下列属于脑颅的是（　　）。
A. 颧骨　　　　　　B. 上颌骨　　　　　C. 筛骨
D. 腭骨　　　　　　E. 泪骨

53. 下列面颅中，不成对的是（　　）。
A. 上颌骨　　　　　B. 鼻骨　　　　　　C. 泪骨
D. 犁骨　　　　　　E. 颧骨

*54. 下列结构中，位于颅中窝的是（　　）。
A. 筛孔　　　　　　B. 垂体窝　　　　　C. 颈静脉孔
D. 内耳门　　　　　E. 枕骨大孔

55. 下列哪个窦不存在？（　　）
A. 额窦　　　　　　B. 颧窦　　　　　　C. 上颌窦
D. 蝶窦　　　　　　E. 筛窦

56. 鼻旁窦中最大的一对是（　　）。
A. 上颌窦　　　　　B. 蝶窦　　　　　　C. 筛窦前群
D. 额窦　　　　　　E. 筛窦后群

57. 下列骨中，属于上肢带骨的是（　　）。
A. 锁骨　　　　　　B. 肱骨　　　　　　C. 尺骨
D. 桡骨　　　　　　E. 手骨

58. 肩胛骨下角平对（　　）。
A. 第5肋　　　　　　B. 第6肋　　　　　　C. 第7肋

D. 第 8 肋 E. 第 9 肋

*59. 未参与围成骨盆界线的结构是（　　）。
A. 骶岬　　　　　　　B. 弓状线　　　　　　C. 耻骨梳
D. 耻骨联合上缘　　　E. 耻骨联合下缘

60. 两侧髂嵴最高点的连线经过（　　）。
A. 第 1 腰椎棘突　　　B. 第 2 腰椎棘突　　　C. 第 3 腰椎棘突
D. 第 4 腰椎棘突　　　E. 第 5 腰椎棘突

61. 没有参加膝关节组成的骨是（　　）。
A. 股骨　　　　　　　B. 胫骨　　　　　　　C. 腓骨
D. 髌骨　　　　　　　E. 以上都不是

*62. 位于膝关节前方的韧带是（　　）。
A. 胫侧副韧带　　　　B. 前交叉韧带　　　　C. 髌韧带
D. 腓侧副韧带　　　　E. 后交叉韧带

63. 下列不属于肌的形态分类的是（　　）。
A. 长肌　　　　　　　B. 短肌　　　　　　　C. 扁肌
D. 不规则肌　　　　　E. 轮匝肌

64. 分布在孔裂周围呈环形的肌是（　　）。
A. 短肌　　　　　　　B. 长肌　　　　　　　C. 轮匝肌
D. 扁肌　　　　　　　E. 以上都不是

65. 关于肋间外肌的作用，正确的说法是（　　）。
A. 提肋助呼气　　　　B. 提肋助吸气　　　　C. 降肋助吸气
D. 降肋助呼气　　　　E. 以上都不是

*66. 腹股沟韧带由下列哪个肌的腱膜形成？（　　）
A. 腹直肌　　　　　　B. 腹外斜肌　　　　　C. 腹内斜肌
D. 腹横肌　　　　　　E. 二腹肌

67. 能屈肘关节的肌是（　　）。
A. 肱二头肌　　　　　B. 肱三头肌　　　　　C. 背阔肌
D. 三角肌　　　　　　E. 斜方肌

68. 下列肌中可伸膝关节的是（　　）。
A. 半膜肌　　　　　　B. 半腱肌　　　　　　C. 小腿三头肌
D. 股四头肌　　　　　E. 股二头肌

四、名词解释

69. 椎间盘

*70. 椎间孔

*71. 界线

72. 翼点

73. 胸骨角

*74. 腹股沟管

五、简答题

75. 骨的化学成分包括哪两种物质？在成人各占的比例是多少？它们各有何作用？老年人与小儿的骨各有何特点？

76. 简述肩关节的组成及结构特点。

77. 简述膝关节的组成及结构特点。

*78. 简述骨盆的组成、分部和成年男、女性骨盆的区别。

79. 膈的裂孔有哪几个？各可通过哪些结构？

（麻　智）

第五章 消化系统

【学习指导】

一、消化系统大体结构

(一) 消化系统的组成

$$\text{消化管}\begin{cases}\text{上消化道：口腔、咽、食管、胃、十二指肠}\\\text{下消化道：空肠、回肠、盲肠与阑尾、结肠、直肠、肛管}\end{cases}$$
消化腺：口腔腺、肝、胰、消化管壁小消化腺

(二) 消化管

1. 口腔

口腔 $\begin{cases}\text{口腔前壁是唇，侧壁为颊}\\\text{口腔顶为腭：前 2/3 为硬腭，后 1/3 为软腭}\end{cases}$

舌 $\begin{cases}\text{形态：舌尖、舌体、舌根}\\\text{重要结构}\begin{cases}\text{舌乳头}\\\text{舌下阜与舌下襞}\end{cases}\end{cases}$

牙 $\begin{cases}\text{形态：牙冠、牙颈、牙根}\\\text{结构：牙质、釉质、牙骨质、牙髓}\\\text{数量与分类}\begin{cases}\text{乳牙(20颗)：切牙、尖牙、磨牙}\\\text{恒牙(28～32颗)：切牙、尖牙、前磨牙、磨牙}\end{cases}\\\text{牙周组织：牙周膜、牙槽骨、牙龈}\end{cases}$

口腔腺：腮腺、舌下腺、下颌下腺

2. 咽

$\begin{cases}\text{鼻咽：咽鼓管咽口、咽隐窝}\\\text{口咽：腭扁桃体}\\\text{喉咽：梨状隐窝}\end{cases}$

3. 食管

三处狭窄 $\begin{cases}\text{食管起始处，距中切牙 15 cm}\\\text{食管与左主支气管交叉处，距中切牙 25 cm}\\\text{食管穿膈处，距中切牙 40 cm}\end{cases}$

4. 胃

位置：大部分位于左季肋区，小部分位于腹上区

形态 { 两口:入口即贲门,与食管相接;出口即幽门,与十二指肠相续
两缘:上缘即胃小弯,最低点称为角切迹;下缘即胃大弯
两面:前面和后面

分部:贲门部、胃底、胃体和幽门部(幽门管、幽门窦)

5. 小肠

分部 { 十二指肠:分上部、降部(有十二指肠大乳头)、水平部与升部
空肠:约占小肠的上 2/5,偏左上腹部
回肠:约占小肠的下 3/5,偏右下腹部

6. 大肠

分部 { 盲肠:大肠起始部,有回盲瓣
阑尾:位于右髂窝内,其根部的体表投影为麦氏点
结肠:升结肠、横结肠、降结肠、乙状结肠
直肠:在矢状面上有 2 个弯曲,即骶曲和会阴曲
肛管:肛窦、齿状线

盲肠和结肠有三个特征性结构:结肠带、结肠袋、肠脂垂

(三) 消化腺

1. 唾液腺

{ 腮腺:最大,位于耳廓前下方
下颌下腺:位于下颌骨体的深面
舌下腺:位于舌下襞的深面

2. 肝

位置:大部分位于右季肋区和腹上区,小部分位于左季肋区

形态

{ 两缘:前缘锐利,后缘钝圆
两面 { 膈面:向上膨隆,被镰状韧带分为左右两叶
脏面 { H 沟 { 右纵沟:前为胆囊窝,后为腔静脉沟
左纵沟:前为肝圆韧带,后为静脉韧带
横沟:内有肝门
分叶:左叶、右叶、方叶和尾状叶

肝外胆道

(1) 胆囊:位于肝脏面的胆囊窝内,分为底、体、颈、管四部分
(2) 输胆管道:

左右肝管→肝总管→胆总管→十二指肠大乳头

胆囊管→胆囊

3. 胰

位置:位于腹腔上部,胃的后方,相当于第 1~2 腰椎的高度
形态:呈长棱柱状,分为胰头、胰体和胰尾三部分。胰管收集胰液

（四）腹膜

1. 腹膜和腹膜腔

腹膜：衬于腹、盆壁的内面和覆盖在腹、盆腔脏器表面的一层浆膜。

腹膜腔：壁腹膜与脏腹膜互相移行所形成的腔隙，称为腹膜腔。

2. 腹膜形成的结构

$$\begin{cases} 网膜：大网膜、小网膜 \\ 系膜：小肠系膜、横结肠系膜、阑尾系膜和乙状结肠系膜 \\ 韧带：为连接两个器官之间的部分腹膜。如镰状韧带 \\ 陷凹 \begin{cases} 男性：1个，直肠膀胱陷凹 \\ 女性：2个，膀胱子宫陷凹和直肠子宫陷凹 \end{cases} \end{cases}$$

二、消化系统微细结构

除口腔外，消化管各部管壁由内向外分为黏膜层、黏膜下层、肌层和外膜四层

$$\begin{cases} 黏膜 \begin{cases} 上皮：从口腔到食管和直肠末端为复层扁平上皮，从胃到大肠为单层柱状上皮 \\ 固有层：由结缔组织构成，含有丰富的腺体 \\ 黏膜肌层：一薄层平滑肌 \end{cases} \\ 黏膜下层：由疏松结缔组织构成，含黏膜和黏膜下层共同突入腔内，形成皱襞 \\ 肌层：食管上端和直肠末端为骨骼肌，其余为平滑肌 \\ 外膜：由结缔组织构成，若外膜表面覆有间皮，称为浆膜。 \end{cases}$$

（一）食管的微细结构

食管的黏膜上皮为复层扁平上皮。肌层在食管各段分布不同，上1/3段为骨骼肌，下1/3段为平滑肌，中间部分由骨骼肌和平滑肌混合组成。

（二）胃壁的微细结构

$$\begin{cases} 主细胞：数量较多，呈柱状，较小，胞质呈嗜碱性，染成蓝紫色，分泌胃蛋白酶原。 \\ 壁细胞：数量较少，呈圆形，较大，胞质呈嗜酸性，染成红色，分泌盐酸和内因子。 \\ 颈黏液细胞：位于腺的颈部，分泌黏液。 \end{cases}$$

（三）小肠黏膜的微细结构

环状皱襞、绒毛、微绒毛、毛细淋巴管、中央乳糜管、散在的平滑肌。

（四）肝的微细结构

1. 肝小叶：中央静脉、肝板、肝血窦。
2. 肝门管区：小叶间胆管、小叶间动脉和小叶间静脉。

三、消化系统的生理功能

消化：食物在消化管内被加工、分解成小分子的过程。

吸收：消化后小分子营养物质及维生素、水和无机盐等通过消化管黏膜进入血液和淋巴的过程。

（一）消化

1. 口腔内消化

唾液成分：水（99％）、唾液淀粉酶、溶菌酶、黏蛋白

咀嚼与吞咽

2. 胃内消化

胃液成分与作用

　　⎧ 盐酸：激活胃蛋白酶原、使食物中的蛋白质变性、杀灭细菌、利于铁和钙的吸收
　　⎪ 胃蛋白酶原：在强酸环境中，能将蛋白质水解为脒、胨及少量的多肽和氨基酸
　　⎨ 黏液：减少粗糙食物对胃黏膜的损伤
　　⎩ 内因子：保护维生素 B_{12}、促进维生素 B_{12} 吸收

运动形式：容受性舒张、蠕动、紧张性收缩

3. 小肠内消化

小肠内消化液
　　⎧ 胰液：成分——碳酸氢盐、胰淀粉酶、胰脂肪酶、胰蛋白酶原和糜蛋白酶原等
　　⎪ 　　　　作用——中和盐酸，分解淀粉为麦芽糖，将甘油三酯分解为脂肪酸、
　　⎪ 　　　　　　　　甘油一酯和甘油，将蛋白质分解为脒、胨、多肽和氨基酸
　　⎨ 胆汁：成分——胆盐、胆色素、胆固醇和卵磷脂等
　　⎪ 　　　　作用——乳化脂肪，加速脂肪分解、吸收，促进维生素 A、维生素 D、
　　⎪ 　　　　　　　　维生素 E、维生素 K 吸收
　　⎪ 小肠液：成分——水和无机盐、肠致活酶、黏蛋白和 IgA 等
　　⎩ 　　　　 作用——稀释内容物、保护黏膜、激活胰蛋白酶原，促进蛋白质消化

小肠的运动形式包括紧张性收缩、分节运动和蠕动三种。

4. 大肠内消化

主要为黏液，具有保护肠黏膜、润滑粪便的作用，肠内细菌对糖和脂肪的分解称为发酵，细菌对蛋白质的分解称为腐败，合成 B 族维生素和维生素 K，供机体利用。

（二）吸收

1. 小肠是吸收主要部位

　　⎧ 吸收面积大
　　⎪ 良好的吸收途径
　　⎨ 充分的吸收时间
　　⎩ 食物的相对分子质量小

2. 主要物质的吸收

　　⎧ 糖的吸收：水解为单糖，进入小肠内的毛细血管
　　⎪ 蛋白质的吸收：分解为氨基酸后，进入小肠内的毛细血管
　　⎨ 脂肪的吸收：分解为甘油、脂肪酸和甘油一酯，小分子直接进入小肠的毛细血管；大分子
　　⎩ 　　　　　　 进入毛细淋巴管，间接进入血液

【学习检测】

任务一 解剖学自测题

一、填空题

1. 消化系统是由_____和_____组成。临床上把从_____到_____这段消化管称为上消化道,从_____以下的消化管称为下消化道。
2. 牙的构造包括_____、_____和_____三部分。
3. 牙周组织包括_____、_____和_____。
4. 口腔的三对唾液腺是_____、_____和_____。
*5. 当上、下颌牙咬合时,口腔前庭与固有口腔之间可借_____相通。
6. 咽可分为_____、_____和_____三部分。
7. 食管的三个狭窄分别位于_____、_____和_____处。
8. 胃的入口称为_____,出口称为_____,胃的上缘称为_____,下缘称为_____。
9. 胃可分为_____、_____、_____和_____四部分。
10. 胆囊位于肝下面的_____内,胆囊由前到后分为_____、_____、_____和_____四部分。
*11. 胆囊底的体表投影位于_____与_____交点的稍下方。
12. 胰位于_____,可分为_____、_____和_____三部分。
13. 十二指肠可分为_____、_____、_____和_____四部分。
14. 盲肠和结肠表面的三个特征性结构是_____、_____和_____。
15. 结肠可分为_____、_____、_____和_____四段。
16. 腹膜可分为_____与_____两部分,两者之间的腔隙称为_____。
*17. 大网膜是连于_____与_____之间的四层腹膜皱襞,具有保护和防御功能。
*18. 腹膜陷凹中,男性有_____,女性有_____和_____。

二、是非判断题

19. (　　)恒牙共32颗,可分为切牙、尖牙和磨牙三类。

* 20. （   ）腮腺开口于平对上颌第二前磨牙的颊黏膜处。
21. （   ）胃在中等充盈时,大部分位于左季肋区,小部分位于腹上区。
22. （   ）肝门位于肝脏面的横沟处。
23. （   ）胆囊有产生、储存和排放胆汁的功能。
24. （   ）咽是消化道和呼吸道的共用通道,所以可直接通气管。
25. （   ）胰的位置是位于胃的前方。
* 26. （   ）男性腹膜腔是密闭的,女性腹膜腔不是密闭的。

三、单项选择题

27. 不属于牙的形态的是（   ）。
    A. 牙冠   B. 牙颈   C. 牙根
    D. 牙龈   E. 以上都不是

* 28. |6 表示的是哪一颗牙？（   ）
    A. 左上颌第二前磨牙   B. 右上颌第二前磨牙
    C. 右下颌第二前磨牙   D. 左上颌第一磨牙
    E. 左上颌第二磨牙

* 29. 开口于舌下阜的唾液腺有（   ）。
    A. 腮腺   B. 下颌下腺   C. 舌下腺
    D. 下颌下腺和舌下腺   E. 以上都不是

30. 不与咽直接相通的部位是（   ）。
    A. 咽鼓管   B. 气管   C. 食管   D. 鼻腔   E. 喉腔

* 31. 食管的第二狭窄距切牙的距离是（   ）。
    A. 25 cm   B. 15 cm   C. 20 cm   D. 40 cm   E. 35 cm

* 32. 位于贲门平面以上,向左上方膨出的部分是（   ）。
    A. 胃体   B. 贲门部   C. 胃底
    D. 幽门管   E. 幽门窦

33. 肝大部分位于（   ）。
    A. 左季肋区   B. 右季肋区
    C. 左季肋区和腹上区   D. 右季肋区和腹上区
    E. 腹上区

* 34. 出入肝门的结构中不应有（   ）。
    A. 肝固有动脉   B. 肝静脉   C. 左、右肝管
    D. 淋巴管和神经   E. 肝门静脉

35. 不属于大肠的是（   ）。
    A. 盲肠   B. 结肠   C. 回肠   D. 直肠   E. 肛管

36. 阑尾根部的体表投影在（   ）。
    A. 脐与右髂前上棘连线中外 1/3 交界处
    B. 右锁骨中线与右肋弓交点的稍下方
    C. 脐与右髂前上棘连线中内 1/3 交界处
    D. 脐与左髂前上棘连线中外 1/3 交界处

E. 脐与左髂前上棘连线中内 1/3 交界处
*37. 腹膜形成的结构应排除(　　　)。
A. 大网膜　　　　　B. 系膜　　　　　C. 纤维膜
D. 韧带　　　　　　E. 小网膜

四、名词解释

38. 咽峡

*39. 咽淋巴环

*40. 十二指肠大乳头

41. 麦氏点

*42. 齿状线

五、简答题

*43. 描述食管的分部及三个狭窄的部位、投影和各距中切牙的距离。

*44. 空肠与回肠有哪些区别？

*45. 描述肝外胆道的组成。

任务二 组织学自测题

一、填空题

1. 消化管壁从内到外由_____、_____、_____和_____四层构成。
2. 消化管黏膜可分为_____、_____和_____。
*3. 胃底腺主要由_____、_____和_____三种细胞构成。
*4. 胃壁的平滑肌由内到外可排列成_____、_____和_____三层。
5. 胃的黏膜表面有很多小的凹陷,称为_____,其底有_____开口。
6. 能够扩大小肠表面积的三级突起是_____、_____和_____。
*7. 大肠的固有层中含有_____和_____两种结构。
*8. 小肠腔面有许多环形皱襞,其由_____和_____共同向肠腔内突出而成。
*9. 小肠绒毛是由_____和_____向肠腔内突出形成的叶状或指状结构。
10. 肝小叶的中央有一贯穿全长的_____,以其为中心排列着许多呈放射状的_____,后者之间的腔隙为_____,在相邻的肝细胞之间的小管称为_____。
11. 肝的结构与功能的基本单位是_____,呈_____形。
*12. 肝细胞分泌的胆汁可排入_____,然后汇成_____,后者在肝门处再汇合成_____出肝。
13. 肝小叶的主要结构有_____、_____、_____和_____。
14. 门管区的主要结构有_____、_____和_____。
*15. 肝细胞有三个功能面,分别是_____、_____和_____。
*16. 肝的功能性血管是_____,营养性血管是_____。
17. 根据组成腺泡腺细胞的性质不同,腺泡可分为_____、_____和_____三种。
18. 胰的实质由_____和_____两部分构成。
19. 胰岛主要由_____、_____和_____三种细胞组成,其分别约占胰岛细胞总数的_____、_____、_____。
20. 在胰岛内数量最多的细胞称为_____细胞,它能分泌_____。

二、是非判断题

*21.（　）食管壁的肌层全部由内、外两层平滑肌构成。

22.（　）胃的黏膜上皮细胞可分泌黏液。

23.（　）胃底腺仅存在于胃底部。

24.（　）胃腺中的壁细胞可分泌胃蛋白酶原。

25.（　）胆小管的壁由单层扁平上皮构成。

*26.（　）肝细胞可伸出许多微绒毛伸入到窦周隙中。

*27.（　）肝巨噬细胞是位于窦周隙中具有吞噬功能的细胞。

28.（　）肝的小叶下静脉、小叶间动脉和小叶间胆管伴行于肝小叶之间的肝门管区内。

*29.（　）肝小叶内的血流是从周边流向中央，肝小叶内的胆汁是从中央流向周边。

三、单项选择题

30. 消化管壁的一般结构不包括（　　）。
    A. 内膜层 B. 肌层 C. 外膜层
    D. 黏膜下层 E. 黏膜层

31. 食管壁肌层（　　）。
    A. 都是骨骼肌
    B. 是混合肌
    C. 上1/4是平滑肌，下1/2是骨骼肌，中1/4是两肌混合
    D. 上部分是平滑肌，下部分是骨骼肌
    E. 上1/4是骨骼肌，下1/4是平滑肌，中1/2是两肌混合

32. 胃底腺中的主细胞可分泌（　　）。
    A. 胃蛋白酶原 B. 盐酸 C. 黏液
    D. 内因子 E. 维生素B_{12}

33. 人胃黏膜分泌内因子的细胞是（　　）。
    A. 胃底腺壁细胞 B. 胃底腺主细胞
    C. 胃底腺颈黏液细胞 D. 胃内分泌细胞
    E. 胃上皮细胞

34. 消化管的潘氏细胞分布在（　　）。
    A. 胃幽门腺底部 B. 小肠腺底部 C. 大肠腺底部
    D. 胃底腺底部 E. 以上都对

35. 胃底腺壁细胞能分泌（　　）。
    A. 盐酸与胃泌素 B. 胃泌素与内因子 C. 内因子与黏液
    D. 黏液与盐酸 E. 盐酸与内因子

*36. 胃底腺主细胞的特点是（　　）。
    A. 细胞呈柱状或锥体形 B. 有大量酶原颗粒
    C. 基底部胞质嗜碱性 D. 分布以腺体底部为多
    E. 以上都是

37. 胃液中的黏液是由下列什么细胞分泌的？（　　）

A. 颈黏液细胞 B. 贲门腺细胞 C. 幽门腺细胞
D. 胃上皮细胞 E. 以上都是

*38. 小肠环形皱襞由（　　）。
A. 上皮和固有层向肠腔内突起形成
B. 上皮、固有层和黏膜肌层向肠腔内突起形成
C. 黏膜、黏膜下层和肌层共同向肠腔内突起形成
D. 黏膜和部分黏膜下层向肠腔内突起形成
E. 黏膜和肌层共同向肠腔内突起形成

*39. 小肠黏膜上皮细胞中具有杀菌作用的细胞是（　　）。
A. 杯状细胞 B. 干细胞 C. 内分泌细胞
D. 吸收细胞 E. 潘氏细胞

40. 小肠绒毛是吸收食物营养成分的重要结构，是因为（　　）。
A. 吸收细胞游离面有发达的微绒毛
B. 固有层内有中央乳糜管
C. 中央乳糜管周围有丰富的有孔毛细血管网
D. 固有层内有平滑肌
E. 以上都对

41. 结肠带的形成是由于（　　）。
A. 外膜局部增厚 B. 纵行肌局部增厚 C. 环行肌局部增厚
D. 黏膜下层局部增厚 E. 淋巴组织聚集

*42. 以下哪种管道不行于肝门管区内？（　　）
A. 小叶间动脉 B. 小叶下静脉 C. 小叶间静脉
D. 小叶间胆管 E. 以上都不是

43. 胰岛分泌胰高血糖素的细胞是（　　）。
A. A细胞 B. B细胞 C. 泡心细胞
D. 甲细胞 E. 乙细胞

44. 人的肝小叶（　　）。
A. 均为多角棱柱体 B. 均为圆柱体
C. 均为圆形或椭圆形 D. 均为方形柱状体
E. 大小形态不一

45. 肝小叶不包括（　　）。
A. 肝血窦 B. 胆小管 C. 肝板
D. 小叶间静脉 E. 中央静脉

46. 肝的基本单位是（　　）。
A. 肝板 B. 肝细胞 C. 肝血窦
D. 胆小管 E. 肝小叶

47. 胆小管位于（　　）。
A. 肝板之间 B. 肝细胞与肝血窦之间 C. 相邻肝细胞之间
D. 肝细胞与贮脂细胞之间 E. 肝细胞与窦周隙之间

48. 不属于门管区的结构有（　　）。
   A. 小叶间静脉　　　　　B. 小叶间动脉　　　　　C. 小叶间淋巴管
   D. 小叶下静脉　　　　　E. 小叶间胆管
49. 组成小叶间胆管管壁的细胞是（　　）。
   A. 立方细胞　　　　　　B. 扁平细胞　　　　　　C. 肝细胞
   D. 柱细胞　　　　　　　E. 肝巨噬细胞
*50. 肝血窦的特点是（　　）。
   A. 内皮无孔，基膜较厚　　B. 内皮有孔，基膜较厚　　C. 内皮无孔，无基膜
   D. 内皮有孔，无基膜　　　E. 内皮有孔，基膜较薄

四、名词解释

51. 肝小叶

52. 肝血窦

*53. 窦周隙

*54. 胆小管

55. 肝门管区

*56. 胃黏膜屏障

57. 绒毛

五、简答题

58. 胃底腺中的壁细胞和主细胞各位于何处？有何形态与作用？

59. 简述小肠消化吸收面积扩大的结构基础。

60. 胰岛内有哪三种细胞？各占多少？有何作用？

*61. 描述肝的血液循环途径（可用箭头表示）。

任务三　生理学自测题

一、填空题

1. 人体所需的营养物质包括＿＿＿＿＿＿、＿＿＿＿＿＿、＿＿＿＿＿＿、＿＿＿＿＿＿、＿＿＿＿＿＿和＿＿＿＿＿＿。
2. 食物的消化方式有＿＿＿＿＿＿和＿＿＿＿＿＿两种。
3. 胃液的成分中，能够激活胃蛋白酶原的是＿＿＿＿＿＿，能够促进维生素 B_{12} 吸收的是＿＿＿＿＿＿，对胃黏膜起保护作用的是＿＿＿＿＿＿。
4. 胃的运动形式有＿＿＿＿＿＿、＿＿＿＿＿＿和＿＿＿＿＿＿三种。
5. 混合食物完全排空需要＿＿＿＿＿＿h。
6. 小肠内的消化液主要有＿＿＿＿＿＿、＿＿＿＿＿＿和＿＿＿＿＿＿。
7. 胰液中的＿＿＿＿＿＿可中和进入十二指肠的盐酸。
8. 胆汁中参与消化、吸收的主要成分是＿＿＿＿＿＿。
9. 淀粉、蛋白质、脂肪分别从＿＿＿＿＿＿、＿＿＿＿＿＿、＿＿＿＿＿＿开始进行化学性消化。

10. 小肠的运动形式有_____、_____和_____三种。

*11. 大肠内细菌可利用简单的物质合成_____和_____供机体需要。

12. 食物吸收的主要场所在_____。

13. 淀粉、蛋白质、脂肪三大营养物质分别以_____、_____、_____的形式被吸收，其中_____和_____透过小肠黏膜上皮细胞进入血液循环；而_____主要透过小肠黏膜上皮细胞进入_____循环。

14. 消化过程的完成有赖于消化管的_____和消化腺的_____两方面作用。

二、是非判断题

15. (   ) 蠕动是消化管共有的运动形式。

16. (   ) 三大营养物质中，蛋白质的胃排空速度最慢。

*17. (   ) 在消化期，胆汁可直接由肝和胆囊排入十二指肠。

*18. (   ) 小肠液中的肠致活酶可激活胰蛋白酶。

19. (   ) 小肠的分节运动将食糜不断地向前推进。

三、单项选择题

20. 唾液中含有的酶是(   )。
    A. 脂肪酶和蛋白酶　　　　　B. 脂肪酶和肽酶
    C. 淀粉酶和溶菌酶　　　　　D. 淀粉酶和寡糖酶
    E. 蛋白酶和溶菌酶

21. 混合食物由胃完全排空通常需要(   )。
    A. 1～2 h　　　　　　　　　B. 2～3 h　　　　　　　　　C. 4～6 h
    D. 6～8 h　　　　　　　　　E. 12～24 h

22. 在胃液中能激活胃蛋白酶原、促进铁和钙吸收的成分是(   )。
    A. 黏液　　　　　　　　　　B. HCl　　　　　　　　　　C. 内因子
    D. H_2CO_3　　　　　　　　E. 维生素 B_{12}

23. 胃和小肠共有的运动形式是(   )。
    A. 容受性舒张　　　　　　　B. 紧张性收缩　　　　　　　C. 分节运动
    D. 蠕动　　　　　　　　　　E. 排空

24. 胃酸的生理作用不包括(   )。
    A. 激活胃蛋白酶原　　　　　B. 杀死进入胃内的细菌
    C. 促进胰液和胆汁的分泌　　D. 促进维生素 B_{12} 的吸收
    E. 促进钙和铁的吸收

25. 胃大部分切除的患者出现严重贫血，表现为外周血巨幼红细胞增多，其主要原因是下列哪种物质减少？(   )
    A. HCl　　　　　　　　　　B. 内因子　　　　　　　　　C. 黏液
    D. HCO_3^-　　　　　　　　E. 胃蛋白酶原

26. 胃蛋白酶原转变为胃蛋白酶的激活物是（　　）。
   A. Cl^-　　　　　　　　B. Na^+　　　　　　　　C. K^+
   D. HCl　　　　　　　　E. 内因子
27. 胃排空的速度由快至慢的排列顺序是（　　）。
   A. 糖类、蛋白质、脂肪　　B. 蛋白质、脂肪、糖类
   C. 脂肪、糖类、蛋白质　　D. 糖类、脂肪、蛋白质
   E. 蛋白质、糖类、脂肪
*28. 使胰蛋白酶原活化的最主要的物质是（　　）。
   A. 盐酸　　　　　　　　B. 肠致活酶　　　　　　　C. 胰蛋白酶本身
   D. 胆盐　　　　　　　　E. 糜蛋白酶
29. 胆汁中与脂肪消化关系密切的成分是（　　）。
   A. 胆固醇　　　　　　　B. 卵磷脂　　　　　　　　C. 胆色素
   D. 胆盐　　　　　　　　E. 脂肪酸
30. 不含有消化酶的消化液是（　　）。
   A. 唾液　　　　　　　　B. 胃液　　　　　　　　　C. 胆汁
   D. 胰液　　　　　　　　E. 小肠液
*31. 关于胆汁的描述，正确的是（　　）。
   A. 消化期只有胆囊胆汁排入小肠
   B. 非消化期无胆汁分泌
   C. 胆汁中含有脂肪消化酶
   D. 胆汁中与消化有关的成分是胆盐
   E. 胆盐可以促进蛋白质的消化和吸收
32. 营养物质吸收最主要的部位是（　　）。
   A. 食管　　B. 胃　　C. 小肠　　D. 口腔　　E. 大肠
33. 含消化酶种类最多、消化能力最强的消化液是（　　）。
   A. 唾液　　B. 胃液　　C. 胆汁　　D. 胰液　　E. 小肠液
*34. 消化管共有的运动形式是（　　）。
   A. 容受性舒张　　　　　B. 紧张性收缩　　　　　　C. 分节运动
   D. 蠕动　　　　　　　　E. 排空

四、名词解释

35. 消化

36. 吸收

*37. 胃排空

*38. 胃肠激素

五、简答题

39. 为什么小肠是营养物质的主要吸收部位？

40. 简述糖、蛋白质、脂肪的吸收途径和形式。

41. 胰液的主要成分有哪些？各有何生理作用？

（白 容）

第六章 呼吸系统

【学习指导】

一、呼吸系统大体解剖

1. 上呼吸道
   - 鼻
     - 鼻腔：外侧壁有三个鼻甲和三个鼻道
     - 鼻旁窦
       - 上颌窦：最大，开口于中鼻道
       - 筛窦：前、中群开口于中鼻道，后群开口于上鼻道
       - 额窦：开口于中鼻道
       - 蝶窦：开口于蝶筛隐窝
   - 咽：（略）
   - 喉
     - 位置：颈前部
     - 结构
       - 软骨
         - 甲状软骨：最大，前面有喉结
         - 环状软骨：唯一呈环形的软骨
         - 杓状软骨：成对
         - 会厌软骨：有弹性，外被黏膜形成会厌
       - 喉腔
         - 喉黏膜：形成前庭襞和声襞，声门裂处最狭窄
         - 分部：喉前庭、喉中间腔、声门下腔（易水肿）

2. 下呼吸道
   - 气管
     - 位置：起于环状软骨，向下进入胸腔，至胸骨角平面分叉
     - 分部
       - 颈部：可在第3～5气管软骨环处进行气管切开
       - 胸部：位于胸腔内
     - 形态：后壁扁平的圆筒形管道
   - 主支气管
     - 右：粗而短，走行方向较垂直，异物易坠入
     - 左：细而长，走行方向较倾斜

3. 肺
   - 位置：左、右各一，位于胸腔内，纵隔的两侧
   - 形态
     - 一尖：肺尖，突入颈根部
     - 一底：肺底，与膈相邻
     - 两面
       - 外侧面：肋面，与胸壁相邻
       - 内侧面：纵隔面，与纵隔相邻，中央有肺门
     - 三缘
       - 前缘：锐利，左肺前缘有心切迹
       - 后缘：钝圆
       - 下缘：锐利

4. 胸膜 ｛ 脏胸膜：贴在肺的表面，并深入到肺裂中
壁胸膜 ｛ 胸膜顶：包在肺尖的表面
肋胸膜：贴于胸壁内面
膈胸膜：贴在膈的上面
纵隔胸膜：贴在纵隔的侧面
胸膜腔：左右各一，内有少量浆液，呈负压状态

二、呼吸系统微细结构

（一）气管和主支气管微细结构

黏膜 ｛ 上皮——假复层纤毛柱状上皮
固有层——结缔组织，含丰富的弹性纤维、血管及淋巴组织
黏膜下层：由疏松结缔组织构成，含有丰富的腺体、血管、淋巴管和神经
外膜：由"C"形的软骨与结缔组织构成，软骨缺口由平滑肌和结缔组织封闭

（二）肺的微细结构

1. 导气部：包括肺叶支气管、肺段支气管、小支气管、细支气管、终末细支气管，管壁结构随着管径变细，管壁变薄，是肺内传送气体的管道。
2. 呼吸部：由呼吸性细支气管、肺泡管和肺泡组成，具有气体交换功能。
3. 气血屏障 ｛ 肺泡内面的液体层
Ⅰ型肺泡细胞及其基膜
薄层结缔组织
毛细血管基膜及内皮细胞

三、呼吸系统生理功能

呼吸过程 ｛ 肺通气 ｛ 动力：原动力（呼吸运动：腹式呼吸和胸式呼吸）
直接动力：压力差
阻力：弹性阻力和非弹性阻力
容积和容量：潮气量、补吸气量、补呼气量和余气量、肺活量
每分通气量和肺泡通气量
肺换气：O_2由肺泡扩散入血液，CO_2由静脉血扩散入肺泡
影响肺换气的因素 ｛ 气体扩散速率
呼吸膜的面积和厚度
肺通气量与血流量的比值
气体在血液中的运输 ｛ 氧的运输
二氧化碳的运输
组织换气：O_2由血液扩散入组织细胞，CO_2从组织细胞扩散入血液

【学习检测】

任务一　解剖学自测题

一、填空题

1. 喉腔中部的两对黏膜皱襞中,上方的一对称为_____,下方的一对称为_____,后者之间的裂隙称为_____。

2. 右主支气管比左主支气管的管径较_____,长度较_____,走行方向较_____,因此,气管异物易坠入_____主支气管。

3. 肺的上端为_____,下端为_____,肺的两个面分别称为_____和_____。

4. 胸膜分为_____和_____两部分,它们共同围成两个潜在的完全密闭的腔隙称为_____,腔内含有_____,呈_____压。

二、是非判断题

5. (　　)上呼吸道包括鼻、咽和喉三个器官。

6. (　　)喉腔中最狭窄的部位在声门裂。

7. (　　)左肺可分为3个叶,右肺可分为2个叶。

*8. (　　)左肺的前缘下部有心切迹。

*9. (　　)胸膜下界的体表投影较肺下界体表投影高2个肋。

10. (　　)胸膜腔内的压力与外界大气压总是保持一致。

三、单项选择题

11. 呼吸道不包括(　　)。
　　A. 咽　　　　　　　　B. 喉　　　　　　　　C. 气管
　　D. 主支气管　　　　　E. 肺

*12. 鼻旁窦中,窦口开口于窦的上部的是(　　)。
　　A. 额窦　　　　　　　B. 筛窦前群　　　　　C. 蝶窦
　　D. 上颌窦　　　　　　E. 筛窦后群

13. 喉的软骨中,成对的是(　　)。
　　A. 杓状软骨　　　　　B. 会厌软骨　　　　　C. 甲状软骨
　　D. 环状软骨　　　　　E. 以上都不是

*14. 肺下界的体表投影中,在锁骨中线应与(　　)。
　　A. 第4肋相交　　　　B. 第6肋相交　　　　C. 第8肋相交
　　D. 第10肋相交　　　E. 第12肋相交

*15. 包绕在肺尖处的壁胸膜为(　　)。
　　A. 肋胸膜　　　　　　B. 膈胸膜　　　　　　C. 纵隔胸膜
　　D. 胸膜顶　　　　　　E. 肋膈隐窝

四、名词解释

*16. 支气管肺段

*17. 胸膜腔

*18. 肋膈隐窝

五、简答题

*19. 简述鼻旁窦的组成、位置及开口部位。

*20. 描述纵隔的概念、分部及其主要内容。

任务二 组织学自测题

一、填空题

1. 气管与主支气管的管壁从内向外由_____、_____和_____三层构成。
2. 气管的软骨环缺口朝向_____,缺口处有_____和_____;软骨环之间以_____相连接。
3. 肺的实质由_____和_____构成。
4. 肺的呼吸部包括_____、_____、_____和_____。
5. 肺泡上皮中的Ⅰ型上皮细胞呈_____形,Ⅱ型上皮细胞呈_____形。
6. 肺叶支气管以下的导气部依次称为_____、_____和_____。

二、是非判断题

*7.（　　）气管腺位于气管的黏膜下层内。
*8.（　　）呼吸性细支气管管壁平滑肌痉挛可导致哮喘。
9.（　　）各肺泡之间彼此不相通。
*10.（　　）肺泡巨噬细胞吞噬了细菌或灰尘后,可形成尘细胞。
*11.（　　）人正常情况下吸气时终末细支气管平滑肌松弛,管腔扩大;呼气末时,平滑肌收缩,管腔变小。

三、单项选择题

12. 气管壁的三层结构是（　　）。
 A. 黏膜、黏膜肌层、浆膜　　B. 上皮、肌层、外膜　　C. 黏膜、肌层、浆膜
 D. 黏膜、肌层、外膜　　　　E. 黏膜、黏膜下层、外膜
13. 对气管上皮描述哪项是对的?（　　）
 A. 为单层柱状上皮　　　　B. 为单层立方上皮
 C. 为假复层纤毛柱状上皮　D. 为假复层柱状上皮
 E. 为复层扁平上皮
14. 下列不属于肺内支气管导气部的是（　　）。
 A. 终末细支气管　　B. 小支气管　　C. 细支气管
 D. 呼吸性细支气管　E. 肺叶支气管
15. 肺的呼吸部不包括（　　）。
 A. 肺泡　　　B. 终末细支气管　　C. 肺泡管
 D. 肺泡囊　　E. 呼吸性细支气管
16. 随着肺内支气管导气部越分越细,管壁内的结构中逐渐增多的是（　　）。
 A. 软骨　　B. 平滑肌　　C. 腺体

D. 杯状细胞　　　　　　　　　E. 固有层

17. 能分泌表面活性物质的是（　　）。
A. Ⅰ型肺泡细胞　　　　B. Ⅱ型肺泡细胞　　　　C. 肺泡巨噬细胞
D. 尘细胞　　　　　　　E. 杯状细胞

*18. 对肺泡的描述哪项是错误的？（　　）
A. 肺泡为多面形的薄壁囊泡　　　B. 开口于呼吸性细支气管
C. 开口于肺泡管、肺泡囊　　　　D. 肺泡壁由单层立方上皮构成
E. 人每侧肺有3亿～4亿个肺泡

19. 具有分泌肺泡表面活性物质的细胞是（　　）。
A. Ⅰ型肺泡细胞　　　　B. Ⅱ型肺泡细胞　　　　C. 浆细胞
D. 肺泡巨噬细胞　　　　E. 毛细血管内皮细胞

20. 对肺导气部黏膜描述哪项是对的？（　　）
A. 黏膜上皮均为假复层纤毛柱状上皮
B. 管径逐渐缩小，上皮也逐渐变厚
C. 管径逐渐缩小，杯状细胞逐渐增多
D. 黏膜上皮为单层柱状上皮
E. 细支气管处，黏膜上皮逐渐变为单层柱状纤毛上皮

21. Ⅰ型肺泡细胞的特征为（　　）。
A. 细胞扁平　　　　　　B. 细胞呈立方状　　　　C. 有核部分较薄
D. 无核部分的细胞质较厚　　E. 参与肺泡隔的构成

22. 肺泡由（　　）。
A. Ⅰ型和Ⅱ型肺泡细胞组成　　B. 尘细胞组成
C. 单层扁平上皮细胞组成　　　D. 假复层纤毛柱状上皮组成
E. 表面活性物质组成

23. 肺内支气管各级分支中，管壁内有明显环行平滑肌的管道主要是（　　）。
A. 细支气管和小支气管　　B. 小支气管和终末细支气管
C. 细支气管和终末细支气管　D. 终末细支气管和呼吸细支气管
E. 以上均不对

四、名词解释

*24. 支气管树

25. 肺小叶

*26. 肺泡隔

27. Ⅱ型肺泡上皮细胞

五、简答题

*28. 肺泡上皮由哪两种细胞构成？各有何形态与作用？

29. Ⅱ型肺泡细胞的胞质结构特点是什么？有何功能？

*30. 何谓气-血屏障？由哪些结构构成？

任务三　生理学自测题

一、填空题

1. 呼吸由_____、_____和_____三个环节组成。
2. 肺通气是指气体经_____进出肺的过程。
*3. 肺通气的直接动力是_____与_____之差，原动力是_____。
*4. 平静呼吸时，吸气运动是_____过程，呼气运动是_____过程。
5. 呼吸运动的两种形式是_____和_____，但正常成人一般是_____。
6. 以膈肌舒缩为主的呼吸称为_____，以肋间外肌舒缩为主的呼吸称为_____。
7. 胸膜腔负压的生理意义是_____和_____。
8. 肺通气的阻力包括_____和_____。
9. 肺泡表面活性物质的生理意义是_____和_____。
10. 肺活量是_____、_____和_____三者之和。
11. 某人潮气量为 500 mL，呼吸为 16 次/分，则此人的每分通气量为_____mL。
12. 气体的交换过程包括_____和_____。
*13. 影响肺换气的因素是_____、_____。
14. O_2在血液中的运输形式有_____和_____两种。
15. 呼吸运动的基本中枢位于_____，调整中枢位于_____。
*16. 动脉血或脑脊液中_____、_____及_____浓度的改变，可刺激_____感受器，反射性地调节呼吸运动。

二、是非判断题

*17. （　　）用力呼吸的吸气和呼气运动都是被动的过程。

18. （　　）胸膜腔内的压力与外界大气压总是保持一致。

19. （　　）肺泡表面张力可使肺泡回缩，构成了肺的回缩力。

20. （　　）潮气量是指每次呼吸时，吸入和呼出的气体量。

21. （　　）浅快呼吸比深慢呼吸的气体交换效率高。

22. （　　）HbO_2 是 O_2 在血液中运输的主要形式。

三、单项选择题

23. 肺通气的原动力来自（　　）。
   A. 肺内压与胸膜腔内压之差　　B. 肺内压与大气压之差　　C. 肺的弹性回缩
   D. 呼吸肌舒缩运动　　E. 肺内压周期性变化

*24. 胸膜腔内压的数值是（　　）。
   A. 大气压－非弹性阻力　　B. 大气压－弹性阻力
   C. 大气压－肺表面张力　　D. 大气压－肺回缩力
   E. 大气压－肺弹性纤维回位力

25. 维持胸膜腔负压的必要条件是（　　）。
   A. 肺泡内有表面活性物质　　B. 胸膜腔内压低于肺内压　　C. 胸膜腔的密闭性
   D. 两层胸膜之间有浆液　　E. 呼吸肌收缩

26. 胸内负压的作用不包括（　　）。
   A. 有利于肺通气　　B. 维持肺泡扩张状态　　C. 促进淋巴回流
   D. 降低呼吸道阻力　　E. 是肺通气的原动力

27. 降低肺泡表面张力的重要物质是（　　）。
   A. 肺泡表面活性物质　　B. 肾上腺素　　C. 肾素
   D. 乙酰胆碱　　E. 碳酸酐酶

*28. 肺的顺应性减少表示（　　）。
   A. 肺弹性增强　　B. 肺弹性阻力大　　C. 肺容易扩张
   D. 呼吸道口径减小　　E. 呼吸道阻力减小

29. 肺表面活性物质是由肺内哪种细胞合成分泌的？（　　）
   A. 肺泡Ⅰ型上皮细胞　　B. 肺泡Ⅱ型上皮细胞　　C. 气道上皮细胞
   D. 肺成纤维细胞　　E. 肺泡巨噬细胞

30. 肺表面活性物质的主要作用是（　　）。
   A. 保护肺泡上皮细胞　　B. 增加肺弹性阻力　　C. 降低气道阻力
   D. 降低肺泡表面张力　　E. 降低呼吸膜通透性

*31. 在下列哪种情况下，肺顺应性增加？（　　）
   A. 肺弹性阻力增加　　B. 肺弹性阻力减小　　C. 气道阻力增加
   D. 气道阻力减小　　E. 肺表面活性物质减少

32. 影响气道阻力最重要的因素是（　　）。
   A. 气流速度　　B. 气流形式　　C. 呼吸时相
   D. 呼吸道口径　　E. 呼吸道长度

33. 体内氧分压最高的部位是（　　）。
    A. 肺泡气　　　　　　　　　　B. 细胞内液　　　　　　　　　　C. 组织液
    D. 动脉血　　　　　　　　　　E. 静脉血
34. 潮气量为 500 mL，呼吸频率为 12 次/分，则肺泡通气量约为（　　）。
    A. 3 L　　　　　　　　　　　B. 4 L　　　　　　　　　　　　C. 5 L
    D. 6 L　　　　　　　　　　　E. 7 L
35. 肺活量等于（　　）。
    A. 潮气量与补呼气量之和　　　　　　　　　B. 潮气量与补吸气量之和
    C. 潮气量与补吸气量和补呼气量之和　　　　D. 潮气量与余气量之和
    E. 肺容量与补吸气量之差
*36. 评价肺通气功能较好的指标是（　　）。
    A. 肺活量　　　　　　　　　　B. 最大通气量　　　　　　　　　C. 每分通气量
    D. 用力肺活量　　　　　　　　E. 肺泡通气量
37. 关于肺泡通气量的概念，正确的是（　　）。
    A. 平静呼吸时每分钟入肺或出肺的气体量　　B. 每分钟吸入肺泡的新鲜空气量
    C. 等于潮气量与呼吸频率的乘积　　　　　　D. 反映肺通气功能的储备能力
    E. 等于潮气量与补吸气量之和
38. 肺换气是指（　　）。
    A. 肺泡与血液之间的气体交换　　　　　　　B. 外环境与气道间的气体交换
    C. 肺与外环境之间的气体交换　　　　　　　D. 外界氧气进入肺的过程
    E. 肺泡二氧化碳排至外环境的过程
39. 决定肺泡气体交换方向的主要因素是（　　）。
    A. 气体相对分子质量　　　　　B. 气体分压差　　　　　　　　　C. 气体溶解度
    D. 绝对温度　　　　　　　　　E. 呼吸膜厚度
40. 氧的主要运输形式是（　　）。
    A. 物理溶解　　　　　　　　　B. 化学结合　　　　　　　　　　C. 碳酸氢盐
    D. 氨基甲酸血红蛋白　　　　　E. 氧合血红蛋白
*41. 有关发绀的叙述，错误的是（　　）。
    A. 当毛细血管床血液中去氧血红蛋白达 50 g/L 时，出现发绀
    B. 严重贫血的人均出现发绀
    C. 严重缺氧的人不一定都出现发绀
    D. 高原红细胞增多症可出现发绀
    E. 一氧化碳中毒时不出现发绀
*42. 二氧化碳引起的呼吸变化主要刺激的是（　　）。
    A. 外周化学感受器　　　　　　B. 中枢化学感受器　　　　　　　C. 肺牵张感受器
    D. 肺扩张感受器　　　　　　　E. 本体感受器
43. 机体正常呼吸节律的产生和维持的部位是（　　）。
    A. 脊髓　　　　　　　　　　　B. 延髓　　　　　　　　　　　　C. 脑桥
    D. 延髓和脑桥　　　　　　　　E. 大脑皮层

四、名词解释

44. 呼吸运动

*45. 肺通气

*46. 肺换气

47. 肺活量

48. 时间肺活量

49. 每分通气量

50. 肺泡通气量

*51. 肺牵张反射

五、简答题

52. 胸膜腔负压是如何形成的？其生理意义是什么？

*53. 低氧对呼吸运动有何影响？为什么？

（白　容）

第七章　泌尿系统

【学习指导】

一、泌尿系统大体结构

（一）肾

被膜（内→外）：纤维囊、脂肪囊、肾筋膜
实质
　皮质：细小颗粒（肾小体和肾小管）、肾柱
　髓质：肾锥体、肾乳头、肾小盏、肾大盏、肾盂

（二）输尿管

三处狭窄：①输尿管起始处；②小骨盆上口处；③斜穿膀胱壁处。

（三）膀胱

位置：小骨盆腔的前部。

形态：空虚时呈锥体形，可分为尖、底、体、颈四部分。

重要结构：膀胱三角。

（四）尿道

男性尿道长而弯曲，兼有排尿和排精功能；女性尿道短、宽、直，易于扩张，仅有排尿功能。

二、肾微细结构

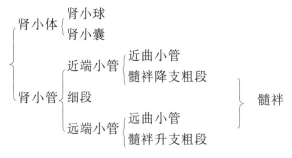

三、肾的泌尿功能

1. 排泄：机体将新陈代谢过程中产生的代谢终产物以及进入机体的异物和体内过剩的物质经血液循环由排泄器官排出体外的过程。

2. 尿液生成的过程

三个基本环节 { 肾小球的滤过作用:结构基础——滤过膜及其通透性
                              动力——肾小球有效滤过压
              肾小管和集合管重吸收:部位——近端小管曲部
                                    特点——选择性、有限性
              肾小管和集合管的分泌:H^+、NH_3和K^+

3. 肾小管和集合管功能的调节

抗利尿激素:促进水的重吸收,使尿量减少。

醛固酮:促进远曲小管和集合管对Na^+重吸收和促进K^+分泌、水的重吸收,使尿量减少。

【学习检测】

任务一 解剖学自测题

一、填空题

1. 泌尿系统由_____、_____、_____和_____构成。

2. 肾的实质分为_____和_____,肾窦内有_____、_____、_____和_____等。

3. 肾的内侧缘中部凹陷称为_____,是_____、_____、_____和_____出入肾的部位。

4. 肾的被膜包括_____、_____和_____三层。

*5. 肾锥体的底朝向_____,尖朝向_____,又称为_____。

*6. 输尿管的三个狭窄分别是_____处、_____处和_____处。

7. 膀胱可分为_____、_____、_____和_____四部分。

8. 由于女性尿道_____、_____、_____,故易引起泌尿系统逆行感染。

二、是非判断题

9. (   )左肾的位置高于右肾。

10. (   )肾锥体位于肾髓质内。

三、单项选择题

11. 出入肾门的结构中不应有(   )。

A. 输尿管　　　　　　　　B. 淋巴管和神经　　　　　　C. 肾动脉

D. 肾静脉　　　　　　　　E. 肾盂

12. 输尿管的三个狭窄中不应有( )。

A. 起始处　　　　　　B. 跨小骨盆上口处　　　　　C. 穿膀胱壁处

D. 穿过尿生殖膈处　　E. 以上都不是

四、名词解释

13. 膀胱三角

*14. 肾区

五、简答题

15. 简述肾的剖面结构。

任务二　组织学自测题

一、填空题

1. 肾小体也可称为_____，由_____和_____构成。

2. 滤过屏障由_____、_____和_____三层构成。

3. 肾小管全长可分为_____、_____和_____三段。

*4. 髓袢是由_____、_____和_____共同构成的。

＊5. 球旁复合体包括＿＿＿＿＿＿、＿＿＿＿＿＿和＿＿＿＿＿＿三部分。

＊6. 球旁细胞可分泌＿＿＿＿＿＿和＿＿＿＿＿＿两种激素。

7. 肾血液循环第一次经过毛细血管形成了＿＿＿＿＿＿，第二次经过毛细血管形成了＿＿＿＿＿＿。

＊8. 排尿管道的管壁由＿＿＿＿＿＿、＿＿＿＿＿＿、＿＿＿＿＿＿三层构成。

9. 血液经过滤过膜到肾小囊腔的液体，称为＿＿＿＿＿＿。滤过膜的三层结构依次为＿＿＿＿＿＿、＿＿＿＿＿＿和＿＿＿＿＿＿。

＊10. 肾小体有两个极，分别称为＿＿＿＿＿＿和＿＿＿＿＿＿，前者有＿＿＿＿＿＿和＿＿＿＿＿＿进出，后者与＿＿＿＿＿＿相连。

＊11. 球旁复合体的＿＿＿＿＿＿能感受滤液中的＿＿＿＿＿＿浓度变化，将信息传递给＿＿＿＿＿＿，后者分泌＿＿＿＿＿＿。

二、是非判断题

12. (　　) 肾小体是构成肾的基本结构与功能单位。

＊13. (　　) 出球微动脉比入球微动脉粗。

＊14. (　　) 肾小管的尿极可与肾小管相连。

＊15. (　　) 致密斑位于近曲小管的管壁内。

16. (　　) 肾血液循环第二次经过毛细血管形成了肾小球。

17. (　　) 肾单位是肾脏结构和功能的基本单位。每一肾脏有100万个以上肾单位，由肾小体和肾小管两部分组成。

＊18. (　　) 肾小体为卵圆形，由血管球和肾小囊两部分组成，在肾小体的一端有小动脉出入，此处称为尿极；另一端与近端小管相连，此处称为血管极。

19. (　　) 肾小囊的外层为形态特殊的足细胞；内层细胞由单层扁平上皮细胞组成。

20. (　　) 急性肾功能衰竭时，小叶间动脉痉挛收缩，使皮质浅部供血减少，浅表肾单位的肾小体滤过功能下降，患者出现少尿。

三、单项选择题

21. 不属于肾单位的结构是（　　）。
    A. 集合管　　　　　　　B. 肾小体　　　　　　　C. 近端小管
    D. 远端小管　　　　　　E. 细段

22. 构成肾小囊脏层的是（　　）。
    A. 球旁细胞　　　　　　B. 单层柱状上皮　　　　C. 单层立方上皮
    D. 单层扁平上皮　　　　E. 足细胞

23. 管壁由单层扁平上皮构成的是（　　）。
    A. 细段　　　　　　　　B. 近端小管直部　　　　C. 远端小管直部
    D. 近曲小管　　　　　　E. 远曲小管

24. 分泌肾素的细胞是（　　）。
    A. 球外系膜细胞　　　　B. 球内系膜细胞　　　　C. 致密斑上皮细胞
    D. 球旁细胞　　　　　　E. 极周细胞

25. 肾小球旁器不包括( )。
    A. 球旁细胞　　　　　　B. 球外系膜细胞　　　　C. 致密斑
    D. 间质细胞　　　　　　E. 以上均是

26. 与近曲小管相比较,远曲小管的特点是( )。
    A. 胞质染色较浅　　　　B. 上皮细胞分界较明显
    C. 上皮细胞基部纵纹较清楚　　D. 无刷状缘
    E. 以上均对

四、名词解释

*27. 髓袢

*28. 球旁细胞

29. 致密斑

五、简答题

*30. 近曲小管与远曲小管的上皮细胞形态上有何区别?

31. 何谓滤过屏障？由哪些结构构成？

32. 试述球旁复合体的组成及功能。

任务三　生理学自测题

一、填空题

1. 尿的生成分为三个基本环节：_____、_____和_____。
2. 肾小球滤过的结构基础是_____，滤过的动力是_____。
3. 肾小球有效滤过压＝_____－(_____＋_____)。
4. 重吸收能力最强的部位在_____。
5. 肾小管重吸收的特点是_____、_____。
6. 肾小管重吸收时,全部重吸收的有_____,大部分重吸收的有_____。
7. 肾小管和集合管主要分泌_____、_____和_____等物质。
8. 影响肾小球滤过的主要因素有_____、_____和_____。

9. 正常成人每昼夜尿量为_____,每昼夜尿量在_____之间,称为少尿;每昼夜尿量在_____,称为无尿;每昼夜尿量长期保持在_____以上,称为多尿。

二、是非判断题

10. (　　)肾小球滤过率是指单位时间内每个肾生成的原尿量。
11. (　　)肾糖阈是指当尿中出现葡萄糖时的尿糖浓度。
*12. (　　)酸中毒时往往伴随高血钾的出现。
*13. (　　)肾小管和集合管在分泌 H^+ 与 K^+ 时存在与 Na^+ 交换的竞争性抑制。
14. (　　)抗利尿激素可抑制肾小管对水的重吸收,使尿量增加。

三、单项选择题

15. 机体最重要的排泄途径是(　　)。
    A. 以气体的形式,经肺排出　　　　　　　B. 以汗液的形式,经皮肤汗腺排出
    C. 混合于粪便中,从消化道排出　　　　　D. 以尿的形式,经泌尿器官排出
    E. 经唾液腺,以唾液形式排出

16. 肾血流量在一定范围内能保持相对稳定,主要依靠(　　)。
    A. 神经调节　　　　　B. 体液调节　　　　　C. 自身调节
    D. 神经-体液调节　　　E. 以上均不是

17. 一实验动物肾小球毛细血管血压为 40 mmHg,血浆胶体渗透压为 15 mmHg,囊内压为 10 mmHg,肾小球有效滤过压应为(　　)。
    A. 0 mmHg　　　　　　B. 5 mmHg　　　　　　C. 10 mmHg
    D. 15 mmHg　　　　　 E. 20 mmHg

*18. 与肾小球滤过率无关的因素是(　　)。
    A. 滤过膜的面积和通透性　　B. 血浆胶体渗透压　　　C. 血浆晶体渗透压
    D. 肾小球毛细血管血压　　　E. 肾血浆流量

19. 引起渗透性利尿的情况可以是(　　)。
    A. 静脉快速注射大量生理盐水　　　　　B. 静脉注射甘露醇
    C. 肾血流量显著升高　　　　　　　　　D. 大量饮清水
    E. 静脉滴注5%葡萄糖 100 mL

*20. 静脉注射甘露醇引起尿量增多是通过(　　)。
    A. 增加小管液中溶质的浓度　　　　　　B. 增加肾小球滤过率
    C. 减少抗利尿激素的释放　　　　　　　D. 减少醛固酮的释放
    E. 降低远曲小管和集合管对水的通透性

21. 糖尿病患者尿量增多的原因是(　　)。
    A. 肾小球滤过率增加　　B. 水利尿　　　　　　C. 渗透性利尿
    D. 抗利尿激素分泌减少　E. 醛固酮分泌减少

22. 可促进抗利尿激素释放的因素是(　　)。
    A. 血浆晶体渗透压升高　　　　　　　　B. 血浆胶体渗透压升高
    C. 血浆晶体渗透压下降　　　　　　　　D. 血浆胶体渗透压下降
    E. 血浆白蛋白含量升高

＊23. 引起抗利尿激素释放的有效刺激是（　　）。
　　A. 静脉注射 0.85％氯化钠溶液　B. 大量出汗　　　　　C. 饮大量清水
　　D. 静脉注射 5％葡萄糖溶液　　E. 严重饥饿

24. 抗利尿激素调节水重吸收的部位在（　　）。
　　A. 近球小管　　　　　　　　B. 远曲小管　　　　　　C. 远曲小管和集合管
　　D. 髓袢升支　　　　　　　　E. 髓袢降支

25. 大量饮清水后引起尿量增多的主要原因是（　　）。
　　A. 抗利尿激素分泌减少　　　B. 肾小球滤过率增大　　C. 动脉血压升高
　　D. 肾小管渗透压增高　　　　E. 血管收缩

26. 醛固酮的主要作用是（　　）。
　　A. 保钠排钾　　　　　　　　B. 保钾排钠　　　　　　C. 保钠保钾
　　D. 排氢排钾　　　　　　　　E. 排氢保钠

＊27. 某外伤患者人出血后血压降低到 60/40 mmHg，尿量明显减少的原因主要是（　　）。
　　A. 肾小球毛细血管血压降低　B. 囊内压升高
　　C. 肾血浆胶体渗透压增高　　D. 滤过膜面积减小
　　E. 滤过膜通透性降低

＊28. 与肾小管对葡萄糖主动重吸收有关的离子是（　　）。
　　A. Cl^-　　　　　　　　　B. Na^+　　　　　　　C. H^+
　　D. K^+　　　　　　　　　E. Ca^{2+}

29. 正常人一昼夜排出的尿量为（　　）。
　　A. 500～1000 mL　　　　　B. 1000～2000 mL　　　C. 2000～3000 mL
　　D. 3000～3500 mL　　　　E. 3500～4000 mL

30. 正常终尿约占原尿量的（　　）。
　　A. 1％　　　　　　　　　　B. 5％　　　　　　　　C. 10％
　　D. 15％　　　　　　　　　E. 20％

31. 排尿反射的初级中枢位于（　　）。
　　A. 大脑皮层　　　　　　　　B. 下丘脑　　　　　　　C. 中脑
　　D. 延髓　　　　　　　　　　E. 脊髓

四、名词解释

32. 排泄

33. 肾小球滤过率

34. 肾糖阈

35. 水利尿

五、简答题

36. 运用所学的知识分析糖尿病患者出现糖尿的原因。

37. 大量饮用清水后,尿量有何变化,为什么?

38. 运用所学的知识分析并解释静脉输入大量生理盐水、大量出汗时,尿量变化及其机制。

(李佳怡)

第八章 生殖系统

【学习指导】

一、生殖系统的大体结构

（一）组成

男性生殖系统
- 内生殖器
  - 生殖腺：睾丸
  - 输送管道：附睾、输精管与射精管、男性尿道
  - 附属腺：前列腺、精囊腺、尿道球腺
  - 阴囊
- 外生殖器：阴茎

女性生殖系统
- 内生殖器
  - 生殖腺：卵巢
  - 输送管道：输卵管、子宫和阴道
  - 附属腺：前庭大腺
- 外生殖器：女阴

（二）男性生殖系统

1. 睾丸

位置：阴囊内，左右各一。

形态：扁椭圆形，分上、下两端，内、外两面，前、后两缘。

2. 精子的产生部位及排出途径

精曲小管产生→精直小管→睾丸网→睾丸输出小管→附睾→输精管→射精管→男性尿道→体外

3. 男性尿道

- 3个分部：前列腺部、膜部、海绵体部
- 3个狭窄：尿道内口、膜部、尿道外口
- 2个弯曲：耻骨下弯、耻骨前弯

（三）女性生殖系统

1. 卵巢

位置：位于盆腔侧壁的髂血管分叉处。

形态：呈扁卵圆形，其前缘有血管、淋巴管和神经出入。

2. 输卵管　外侧端开口于腹膜腔，内侧端开口于子宫腔。

分部（外侧向内侧）：输卵管漏斗、输卵管壶腹、输卵管峡和输卵管子宫部。

位置：子宫位于盆腔中央、膀胱与直肠之间，呈前倾前屈位。

形态：前后略扁的倒置梨形。

分部：由上至下分为子宫底、子宫体和子宫颈。

3. 子宫的固定结构

子宫阔韧带：位于子宫的两侧，腹膜形成的皱襞，可限制子宫向两侧移动。

子宫圆韧带：由平滑肌和结缔组织形成，一端连于子宫底的两侧，另一端经腹股沟管连于大阴唇皮下，可维持子宫前倾位。

骶子宫韧带：由平滑肌和结缔组织形成，维持子宫前屈位。

子宫主韧带：由平滑肌和结缔组织形成，可防止子宫下垂。

4. 阴道　位于盆腔中央，上端包绕子宫颈，下端以阴道口开口于阴道前庭。

5. 女阴　包括阴阜、大阴唇、小阴唇、阴蒂和阴道前庭等结构，阴道前庭前方有尿道开口，后方有阴道开口。

（四）乳房和会阴

乳房：位于胸大肌和胸肌筋膜的表面。由乳腺和脂肪组织构成。

会阴：分为广义会阴和狭义会阴。

二、生殖系统的微细结构

（一）睾丸的微细结构

1. 精曲小管：细长弯曲，产生精子，管壁生精上皮由多层生精细胞和支持细胞组成。

2. 睾丸间质：疏松结缔组织，内含有丰富血管和淋巴管。间质细胞为一种内分泌细胞，呈圆形或多边形，体积较大，可以分泌雄激素。

（二）卵巢的微细结构及其功能

卵巢的皮质较厚，内含有处于发育不同时期的卵泡以及黄体等。一般可分为原始卵泡、生长卵泡和成熟卵泡三个阶段。

卵巢的髓质较小，由疏松结缔组织、血管、淋巴管和神经等构成。

三、生殖系统的生理功能

（一）雌激素生理作用

1. 促进女性生殖器官的生长发育。

2. 促进女性副性征的出现。

（二）孕激素生理作用

1. 在雌激素的作用基础上进一步促进子宫内膜和其中的血管、腺体增生，并引起腺体分泌，为胚泡着床提供良好条件。

2. 促进乳腺腺泡的发育。

3. 促进机体产热使基础体温升高。

【学习检测】

任务一 解剖学自测题

一、填空题

1. 精子在睾丸中的_____管中产生,运送到_____中储存,然后经过_____管、_____管和_____排出体外。

*2. 阴茎主要由两条_____海绵体和一条_____海绵体外包筋膜和皮肤构成。

3. 男性尿道的三个狭窄是_____、_____和_____。

*4. 男性尿道的两个弯曲是_____和_____,其中可消失的是_____。

5. 输卵管由内侧向外侧可分为_____、_____、_____和_____四个部分。

6. 子宫位于_____,呈_____位。

7. 子宫可分为_____、_____和_____三个部分。

*8. 会阴的前部称为_____区,被_____封闭,女性有_____和_____穿过。会阴的后部称为_____区,被_____封闭,有_____穿过。

二、是非判断题

9. (　　)储存精子的部位在精囊腺。
10. (　　)输卵管的外口与卵巢相通。

三、单项选择题

*11. 输精管的结扎部位应在其(　　)。
 A. 睾丸部　　　　　　　B. 精索部　　　　　　　C. 腹股沟部
 D. 盆部　　　　　　　　E. 腹腔部

*12. 临床上的后尿道指的是尿道哪一部?(　　)
 A. 海绵体部　　　　　　B. 膜部　　　　　　　　C. 前列腺部
 D. 膜部和前列腺部　　　E. 膜部和海绵体部

13. 输卵管的结扎部位应在(　　)。
 A. 输卵管子宫部　　　　B. 输卵管壶腹　　　　　C. 输卵管峡
 D. 输卵管漏斗　　　　　E. 输卵管伞

14. 子宫的分部中不应有(　　)。
 A. 子宫底　　　　　　　B. 子宫体　　　　　　　C. 子宫角
 D. 子宫颈　　　　　　　E. 以上都不是

15. 防止子宫下垂的韧带是(　　)。
 A. 子宫阔韧带　　　　　B. 子宫圆韧带　　　　　C. 子宫主韧带

D. 骶子宫韧带 E. 以上都不是

*16. 不属于乳房结构的是(　　)。
A. 乳晕 B. 乳突 C. 输乳管
D. 乳腺叶 E. 乳头

四、名词解释

*17. 精索

*18. 阴道后穹

*19. 尿生殖膈

五、简答题

20. 简述精子的产生及排出途径。

21. 子宫的固定装置有哪些？各有何作用？

任务二　组织学自测题

一、填空题

1. 精原细胞要经过_____、_____和_____等阶段，才能转变成精子。
2. 支持细胞具有_____和_____生精细胞的作用。
3. 生精上皮内的支持细胞能分泌_____和_____两种物质。
4. 卵泡在生长发育过程中，_____细胞和_____细胞可分泌雌激素。
5. 黄体可分泌大量的_____激素和少量的_____激素。
6. 如卵未受精可形成_____黄体，如卵受精则可形成_____黄体。
7. 子宫内膜可分为浅层的_____层和深层的_____层。
8. 子宫内膜的周期性变化可分为_____、_____和_____三期。
9. 卵巢可产生_____、_____、_____和_____四种激素。
10. 卵泡生长发育经历_____、_____、_____和_____四个阶段。
11. 卵泡是由中央的一个_____及其周围的_____组成的一个球状结构。
12. 卵巢排卵时，卵巢内的_____、_____和_____随卵泡液一并排出。
13. 卵细胞未受精，卵巢内的黄体称为_____，一般维持的时间是_____；卵细胞受精后的黄体称为_____，可维持_____。
14. 黄体的形成是在垂体分泌的_____作用下，由_____和

_____两种细胞分化形成,分泌_____和_____。

二、是非判断题

15. (   ) 睾丸间质细胞可分泌雄激素。
*16. (   ) 附睾管的上皮为假复层纤毛柱状上皮。
*17. (   ) 原始卵泡的卵泡细胞是单层扁平细胞。
18. (   ) 卵泡从开始发育到排卵需要14天时间。
19. (   ) 月经黄体可持续28天。
20. (   ) 增生期末,卵巢正好排卵。
21. (   ) 子宫内膜的基底层在月经期时可发生脱落。
22. (   ) 精原细胞是精子发生的干细胞,可不断分裂增生,自我复制。
23. (   ) 男子体内只有睾丸间质细胞能合成和分泌雄激素。
24. (   ) 从新生儿至青春期的卵巢生长发育中,卵泡的数量逐渐增多。
25. (   ) 输卵管上皮细胞也受卵泡分泌的激素的影响而有周期性变化。
26. (   ) 子宫体部和底部内膜的浅层较厚,从青春期起始发生周期性剥脱,也是胚胎植入和生长发育的部位。
27. (   ) 如排出的卵没有受精,所形成的黄体称为妊娠黄体。

三、单项选择题

28. 精子产生的部位是(   )。
    A. 睾丸间质   B. 生精小管   C. 附睾管
    D. 精囊腺   E. 睾丸网

29. 产生精子的干细胞是(   )。
    A. 生精细胞   B. 精原细胞   C. 初级精母细胞
    D. 次级精母细胞 E. 精子细胞

30. 可不断进行分裂繁殖的细胞是(   )。
    A. 初级精母细胞 B. 精子   C. 次级精母细胞
    D. 精子细胞   E. 精原细胞

31. 可分泌雄激素的细胞是(   )。
    A. 支持细胞   B. 初级精母细胞 C. 次级精母细胞
    D. 间质细胞   E. 精原细胞

32. 卵泡腔在下列哪个时期开始出现?(   )
    A. 原始卵泡   B. 初级卵泡   C. 次级卵泡
    D. 成熟卵泡   E. 黄体形成

*33. 成熟卵泡的直径为(   )。
    A. 0.5 cm   B. 1 cm   C. 2 cm
    D. 3 cm   E. 4 cm

34. 妊娠黄体可维持(   )。
    A. 28天   B. 6个月   C. 3个月
    D. 9个月   E. 14天

35. 子宫内膜分泌期时,卵巢正处于(   )阶段。

A. 卵泡生长 B. 黄体形成 C. 排卵
D. 黄体退化 E. 卵泡闭锁

36. 月经期是在月经周期的(　　)。
A. 第1~4天 B. 第5~14天 C. 第1~14天
D. 第15~28天 E. 第24~28天

37. 月经期出现于(　　)阶段。
A. 卵巢排卵 B. 黄体形成 C. 卵泡发育
D. 卵泡成熟 E. 黄体退化

38. 排卵时离开卵巢的有(　　)。
A. 次级卵母细胞、透明带、放射冠
B. 成熟卵细胞、透明带、放射冠
C. 初级卵母细胞、透明带、放射冠
D. 成熟卵细胞、放射冠、粒层细胞
E. 初级卵母细胞、卵泡液、粒层细胞

39. 月经后哪种细胞迅速增殖使内膜修复？(　　)
A. 残留的内膜上皮细胞 B. 残留的子宫腺细胞
C. 前蜕膜细胞 D. 内膜颗粒细胞
E. 血管内皮细胞

四、名词解释

＊40. 睾丸间质

41. 精原细胞

42. 间质细胞

43. 卵泡

44. 黄体

45. 排卵

五、简答题

46. 精子的发生包括哪几个阶段？每个阶段的细胞形态如何？

47. 简述从原始卵泡至成熟卵泡的生长发育过程及其内分泌功能。

任务三　生理学自测题

一、填空题

1. 男性的主要性器官是_____,具有_____和_____功能。
2. 女性的主要性器官是_____,具有_____和_____功能。
3. 卵巢具有合成和分泌_____、_____的功能。
4. 根据子宫内膜的周期性变化,可将月经周期分为_____、_____和_____。
5. 月经的形成是由于内膜失去_____和_____支持而崩溃、脱落出血。

二、是非判断题

6. (　　)雄激素是由睾丸间质内的间质细胞分泌的。
7. (　　)月经黄体可持续6个月才退化。
8. (　　)卵巢排卵后,子宫内膜随即由增生期转为月经期。
9. (　　)性激素只能在性腺分泌合成。

三、单项选择题

10. 体内精子储存在(　　)。
    A. 睾丸　　　　　　　　B. 前列腺　　　　　　　　C. 精囊腺
    D. 附睾和输精管　　　　E. 尿道球腺
11. 睾酮的主要产生部位是(　　)。
    A. 睾丸生精细胞　　　　B. 睾丸间质细胞
    C. 睾丸支持细胞　　　　D. 曲细精管上皮细胞
    E. 肾上腺皮质网状带细胞
12. 下列哪项不属于雌激素的生理作用?(　　)
    A. 使卵泡发育成熟、排卵　　B. 使子宫内膜发生分泌期变化
    C. 促进输卵管运动　　　　　D. 刺激阴道上皮细胞增生、角化
    E. 促进乳腺发育
13. 出现月经是由于血液中什么激素的浓度急剧下降所致?(　　)
    A. 生长素　　　　　　　B. 雌激素　　　　　　　　C. 孕激素
    D. 雌激素和孕激素　　　E. 雌激素和生长素
14. 黄体形成后分泌的主要激素是(　　)。
    A. 雌激素　　　　　　　B. 雌激素和孕激素　　　　C. 黄体生成素
    D. 孕激素　　　　　　　E. 雌激素、孕激素和黄体生成素
15. 排卵发生在(　　)。
    A. 月经期　　　　　　　B. 增生期　　　　　　　　C. 增生期末

D. 分泌期 E. 分泌期末

*16. 成熟的卵泡能分泌大量的(　　)。
A. 卵泡刺激素　　B. 黄体生成素　　C. 雌激素
D. 孕激素　　E. 催乳素

四、名词解释

17. 排卵

18. 月经周期

五、简答题

19. 简述雌激素的生理作用。

20. 简述孕激素的生理作用。

（杜娟）

第九章 脉管系统

【学习指导】

一、脉管系统大体解剖

(一)心血管系统

1. 心

位置:位于胸腔的中纵隔内,约 2/3 位于正中线的左侧,1/3 位于正中线右侧。

形态:呈前后略扁的倒置圆锥形,有一尖、一底、两面、三缘和三条沟。

心尖朝向左前下方。

在左侧第 5 肋间隙、左锁骨中线内侧 1~2 cm 处,可摸到心尖的搏动。

2. 心腔的结构

名称	位置	结构	入口	出口
右心房	心的右上部	右心耳 卵圆窝:右心房后内侧壁上的房间隔下部有一浅窝,是胎儿时期卵圆孔闭合后的遗迹	上腔静脉口 下腔静脉口 冠状窦口	右房室口
右心室	右心房的左前下方	房室口周缘附有三尖瓣→腱索→乳头肌 肺动脉口周缘附有肺动脉瓣	右房室口	肺动脉口
左心房	右心房的左后方	左心耳	四个肺静脉口	左房室口
左心室	右心室的左后下方	房室口周缘附有二尖瓣→腱索→乳头肌 主动脉口周缘附有主动脉瓣	左房室口	主动脉口

3. 心的传导系统

包括窦房结、房室结、房室束及其分支。

4. 心的血管

动脉 { 右冠状动脉:分布于右心房、右心室、左心室后壁、室间隔的后下部和窦房结及房室结
左冠状动脉:分布于左心房、左心室、右心室前壁和室间隔前上部

静脉:多与动脉伴行,最后汇合成冠状窦,经冠状窦口注入右心房。

5. 心包

心包是包裹心及出入心的大血管根部的膜性囊。可分为纤维心包和浆膜心包。

心包腔是浆膜心包的脏层和壁层在大血管根部相互移行,围成一个密闭的间隙。心包腔内含有少量浆液,可减少心搏动时的摩擦。

（二）肺循环的血管

1. 肺循环的动脉

肺动脉干：短而粗，起于右心室，在升主动脉的前方向左后上方斜行，至主动脉弓的下方分为左、右肺动脉。

在肺动脉干的分叉处与主动脉弓之间连有一结缔组织索，称为动脉韧带，是胚胎时期动脉导管闭锁后的遗迹。

2. 肺循环的静脉

肺静脉起自肺泡周围毛细血管，经逐级汇合后，在两侧肺门处各形成两条肺静脉出肺，注入左心房。

（三）体循环的动脉

$$
\text{降主动脉}\begin{cases}
\text{升主动脉：起始部有左、右冠状动脉发出，分布于心} \\
\text{主动脉弓}\begin{cases}
\text{头臂干}\begin{cases}\text{右锁骨下动脉}\\ \text{右颈总动脉}\begin{cases}\text{颈内动脉}\\ \text{颈外动脉}\end{cases}\end{cases}\\
\text{左颈部动脉}\\
\text{左锁骨下动脉}\begin{cases}\text{椎动脉}\\ \text{胸廓内动脉}\end{cases}
\end{cases}\\
\text{降主动脉}\begin{cases}
\text{胸主动脉}\begin{cases}\text{脏支：支气管支、食管支、心包支}\\ \text{壁支：肋间后动脉}\end{cases}\\
\text{腹主动脉}\begin{cases}\text{脏支}\begin{cases}\text{成对：肾动脉、睾丸（卵巢）动脉}\\ \text{不成对}\begin{cases}\text{腹腔干：胃左动脉、肝总动脉、脾动脉}\\ \text{肠系膜上动脉}\\ \text{肠系膜下动脉}\end{cases}\end{cases}\\ \text{壁支：4对腰动脉}\end{cases}\\
\text{左、右髂总动脉}\begin{cases}\text{髂内动脉（壁支、脏支）}\begin{cases}\text{胫前动脉}\\ \text{胫后动脉}\end{cases}\\ \text{髂外动脉→股动脉→腘动脉}\end{cases}
\end{cases}
\end{cases}
$$

重要结构：

颈动脉窦：颈总动脉末端和颈内动脉起始处的膨大部分，壁内有压力感受器，可感受血压的变化。

颈动脉小球：颈内、外动脉的分叉处后方的一个米粒大小的卵圆形小体，为化学感受器，可感受血液中二氧化碳浓度的变化。

（四）体循环的静脉

特点：分为浅深两类，静脉的吻合支丰富，一般都有静脉瓣。

1. 上腔静脉系

上腔静脉：由左右头臂静脉汇合而成。

收集范围：收集头、颈、上肢、胸部（除心以外）的静脉血。

重要结构：同侧颈内静脉与锁骨下静脉汇合处所形成的角称为静脉角，是淋巴导管注入的部位。

各部重要静脉：

头颈部的静脉 { 深静脉：颈内静脉、锁骨下静脉
　　　　　　　 浅静脉：颈外静脉

上肢的浅静脉：头静脉、贵要静脉、肘正中静脉。

胸部的静脉：奇静脉。

2. 下腔静脉系

下腔静脉：由左、右髂总静脉汇合形成。

收集范围：收集腹部、盆部、下肢的静脉血。

各部重要静脉：

下肢的浅静脉：大隐静脉、小隐静脉。

盆部的静脉：髂内静脉、髂外静脉、髂总静脉。

腹部的静脉 { 壁支：4对腰静脉
　　　　　　 脏支：肾静脉、睾丸静脉、肝静脉
　　　　　　 肝门静脉系 { 由肠系膜上静脉和脾静脉汇合形成
　　　　　　　　　　　　　收集腹腔内除肝以外不成对脏器的静脉血
　　　　　　　　　　　　　重要属支：脾静脉、肠系膜上静脉、肠系膜下静脉、胃左静脉、附脐静脉
　　　　　　　　　　　　　与上、下腔静脉的吻合部位：食管静脉丛、直肠静脉丛、脐周静脉网

(五) 淋巴系统

1. 淋巴管道

毛细淋巴管：起始于组织的盲管，管壁薄，通透性大。

淋巴管：由毛细淋巴管汇合形成，在淋巴管和行程中至少要通过一个淋巴结。

淋巴干：9条。左右颈干、左右锁骨下干、左右支气管纵隔干、左右腰干和肠干。

淋巴导管：2条，胸导管、右淋巴导管。

2. 淋巴器官

(1) 淋巴结

形态：大小不一的圆形或椭圆形灰红色小体。其一侧隆凸，有数条输入淋巴管进入；另一侧凹陷，凹陷处的中央称为淋巴结门，淋巴结门有血管、神经及1～2条输出淋巴管出入。

功能：造血、过滤淋巴和免疫。

(2) 脾

位置：位于左季肋区，与第9～11肋相对，其长轴与第10肋一致。

形态：暗红色，呈扁椭圆形，分为膈、脏两面和上、下两缘。脏面凹陷，为脾门。

功能：造血、滤血、贮血和免疫。

(3) 胸腺

位置与形态：位于胸腔纵隔的前上部，呈锥体形，分左、右两叶。

功能：能产生T淋巴细胞和分泌胸腺素。

二、脉管系统微细解剖

(一) 心壁的微细结构

1. 心内膜

心内膜由内皮和深面的结缔组织构成,表面光滑并与血管的内膜相延续。

心的瓣膜是由心内膜折叠并夹有致密结缔组织而构成的。

2. 心肌膜

心肌膜为心壁最厚的一层,由心肌纤维构成。心室肌较心房肌厚,左心室肌最厚。

3. 心外膜

心外膜为被覆于心肌外面的一层浆膜。表面为间皮,间皮深面有少量结缔组织,内含血管、淋巴管和神经等。

(二) 血管的微细结构

1. 动脉

(1) 内膜:内膜最薄,由内皮及其外面的少量结缔组织构成。内膜邻近中膜处有呈波浪状的内弹性膜,内弹性膜由弹性纤维形成。

(2) 中膜:中膜最厚,由平滑肌和弹性纤维构成。

大动脉的中膜以弹性纤维为主,因其有较大的弹性而被称为弹性动脉。

中动脉和小动脉的中膜以平滑肌为主,故都可称为肌性动脉。

(3) 外膜:外膜较薄,由疏松结缔组织构成,含有小血管、淋巴管和神经等。

2. 静脉

静脉管壁较薄,也分为内膜、中膜和外膜,但三层之间的界限不明显。其内膜最薄,由内皮和其外面的少量结缔组织构成;中膜较薄,有数层分布稀疏的平滑肌;外膜最厚,由内含血管、淋巴管和神经的结缔组织构成。大静脉的外膜还含有较多的纵行平滑肌。

三、脉管系统生理功能

(一) 心的泵血功能

1. 心动周期

心房或心室每收缩和舒张一次的机械过程称为心动周期。

2. 心的泵血过程

心室的收缩与射血过程包括等容收缩期和射血期两个时期。

心室的舒张与充盈过程包括等容舒张期和充盈期两个时期。

3. 心输出量及其影响因素

概念:一侧心室每分钟射出的血量,称为心输出量。

影响心输出量的因素如下:

(1) 心肌的前负荷。

(2) 心肌的后负荷。

(3) 心肌收缩能力。

(4) 心率。

（二）心肌的生物电现象

1. 心室肌细胞的生物电现象

- 0 期（去极化期）：90 mV 上升到 +30 mV，Na^+ 快速内流，形成 Na^+ 的平衡电位
- 1 期（快速复极化初期）：由 +30 mV 快速下降到 0 mV 左右，Na^+ 内流停止，K^+ 外流
- 2 期（平台期）：膜电位基本停滞在 0 mV 水平，Ca^{2+} 缓慢内流，同时 K^+ 少量外流
- 3 期（快速复极化末期）：由 0 mV 下降到 −90 mV，Ca^{2+} 内流停止，K^+ 快速外流
- 4 期（静息期）将 Na^+ 迅速泵出，将 K^+ 泵入

2. 窦房结等自律细胞的生物电特点

窦房结等自律细胞与心室肌细胞相比较，其 4 期的膜电位开始自动缓慢去极化。

（三）心肌的生理特性

1. 自律性

窦房结是心脏活动的正常起搏点。这种由窦房结控制的心搏节律称为窦性心律。

2. 传导性

窦房结发出的兴奋传播到右心房和左心房，引起两心房的兴奋和收缩。同时兴奋由心房肌迅速传到房室结。房室结传导速度缓慢，称为房室延搁。兴奋通过房室结后，再经房室束、左右束支及浦肯野纤维传到左、右心室。

3. 兴奋性

周期性变化
- 有效不应期
- 相对不应期
- 超常期

4. 收缩性

- 不发生强直性收缩
- 同步收缩
- 对细胞外液 Ca^{2+} 依赖性较大

5. 理化因素对心肌特性的影响

温度：一定范围内，体温升高，心率加快。

酸碱度：血液 pH 值降低，心肌收缩力减弱。

离子：K^+ 对心肌细胞有抑制作用，Ca^{2+} 有增强心肌收缩力的作用。

（四）心音

第一心音：心室收缩开始时，因房室瓣关闭及心室壁振动而形成。音调低、持续时间较长。

第二心音：心室舒张开始时，由动脉瓣关闭及血液与动脉壁的振动所引起。音调高，持续时间较短。

（五）血管的功能

1. 血压：血管内流动的血液对单位面积血管壁的侧压力。

2. 正常值：健康青年人安静状态下，收缩压为 100～120 mmHg，舒张压为 60～80 mmHg。

3. 影响动脉血压的因素
(1) 心搏出量的影响：心搏出量增加可导致血压升高。
(2) 心率的影响：心率增加可导致血压升高。
(3) 外周阻力的影响：外周阻力增加可导致血压升高。
(4) 循环血量和血管容积影响：循环血量减少或血管容积增大可导致血压下降。
(5) 大动脉管壁的弹性：大动脉管壁的弹性下降可导致脉压增大。
4. 静脉血压和血流
静脉血压：中心静脉压和外周静脉压。
5. 影响静脉血流的因素
(1) 心肌收缩力。
(2) 重力和体位。
(3) 呼吸运动。
(4) 骨骼肌的挤压作用。
6. 微循环的组成及功能
概念：微循环是指微动脉和微静脉之间的血液循环。
组成：由微动脉、后微动脉、毛细血管前括约肌、真毛细血管、通血毛细血管、动静脉吻合支和微静脉等7个部分组成。
血流通路及其意义：
迂回通路：血液和组织液进行物质交换的主要场所，又称为营养通路。
直捷通路：使部分血液迅速通过微循环返回静脉，以保证静脉回心血量。
动-静脉短路：多分布于皮肤，在调节体温方面起重要作用。
7. 组织液循环
存在于组织细胞间隙中的细胞外液，称为组织液，是血液与组织细胞进行物质交换的媒介。

【学习检测】

任务一 解剖学自测题

一、填空题

1. 心位于胸腔的_____纵隔内，约_____位于正中线的左侧。
2. 心的表面有_____和_____两个面，_____、_____和_____三条沟。
3. 右心房的入口有_____、_____和_____三个。
4. 右心室的入口是_____口，口缘处的瓣膜称为_____，该瓣膜的形态呈_____，瓣膜的边缘可通过细丝状的_____连于心室内的_____上。
5. 室间隔可分为_____和_____两个部分，好发室间隔缺损的部位是_____。

6. 左冠状动脉可分为＿＿＿＿＿＿和＿＿＿＿＿＿两个分支。

7. 室间隔的前上部是由＿＿＿＿＿＿冠状动脉的分支分布的。

8. 心包可分为＿＿＿＿＿＿和＿＿＿＿＿＿两个部分。

9. 主动脉可依次分为＿＿＿＿＿＿、＿＿＿＿＿＿和＿＿＿＿＿＿三段，其中后者又可分为＿＿＿＿＿＿和＿＿＿＿＿＿两段。

10. 在主动脉弓的上缘由右向左依次发出＿＿＿＿＿＿、＿＿＿＿＿＿和＿＿＿＿＿＿三个分支。

11. 左、右颈总动脉沿气管和喉的外侧上升，至＿＿＿＿＿＿上缘水平处分为＿＿＿＿＿＿动脉和＿＿＿＿＿＿动脉。

12. 当面部出血时可压迫＿＿＿＿＿＿动脉，颅顶部出血可压迫＿＿＿＿＿＿动脉。

13. 肱动脉是＿＿＿＿＿＿动脉的直接延续，沿＿＿＿＿＿＿下行，至肘窝处分为＿＿＿＿＿＿和＿＿＿＿＿＿。

14. 上肢的动脉中，常用于诊脉的动脉是＿＿＿＿＿＿动脉，常用于测量血压听诊的动脉是＿＿＿＿＿＿动脉。

*15. 腹主动脉成对的脏支主要有＿＿＿＿＿＿和＿＿＿＿＿＿，不成对的脏支有＿＿＿＿＿＿、＿＿＿＿＿＿和＿＿＿＿＿＿。

*16. 腹腔干由＿＿＿＿＿＿动脉发出，其分支有＿＿＿＿＿＿动脉、＿＿＿＿＿＿动脉和＿＿＿＿＿＿动脉。

17. 下肢的动脉主干是＿＿＿＿＿＿动脉，该动脉到腘窝后移行为＿＿＿＿＿＿动脉，在腘窝下部分为＿＿＿＿＿＿动脉和＿＿＿＿＿＿动脉。

18. 足背动脉在＿＿＿＿＿＿处位置表浅，可触及搏动。

*19. 头静脉起于＿＿＿＿＿＿的＿＿＿＿＿＿侧部，沿上肢的＿＿＿＿＿＿面上行，最后注入＿＿＿＿＿＿。

20. 临床输液常选用的静脉是＿＿＿＿＿＿，静脉注射和静脉取血常选用的静脉是＿＿＿＿＿＿。

21. 下肢的浅静脉主要有＿＿＿＿＿＿和＿＿＿＿＿＿两条。

*22. 大隐静脉起自于＿＿＿＿＿＿，经＿＿＿＿＿＿的前方，沿小腿和大腿的＿＿＿＿＿＿侧上行，到＿＿＿＿＿＿的下方后，注入＿＿＿＿＿＿静脉。

*23. 肝门静脉是由＿＿＿＿＿＿和＿＿＿＿＿＿合成的。

*24. 肝门静脉的主要属支有＿＿＿＿＿＿、＿＿＿＿＿＿、＿＿＿＿＿＿、＿＿＿＿＿＿和＿＿＿＿＿＿五条。

25. 肝门静脉与上、下腔静脉系之间的吻合途径有＿＿＿＿＿＿、＿＿＿＿＿＿和＿＿＿＿＿＿三处。

26. 淋巴管道由细到粗可分为＿＿＿＿＿＿、＿＿＿＿＿＿、＿＿＿＿＿＿和＿＿＿＿＿＿四级。

27. 右淋巴导管收集了＿＿＿＿＿＿干、＿＿＿＿＿＿干和＿＿＿＿＿＿干的淋巴。

*28. 胃癌常可引起＿＿＿＿＿＿淋巴结肿大，乳腺癌常可引起＿＿＿＿＿＿

淋巴结肿大。

二、是非判断题

29. （　）心尖的体表投影在平对左侧第 5 肋间隙，左锁骨中线内侧 1～2 cm 处。
30. （　）主动脉瓣和肺动脉瓣都是三片半月形的瓣膜。
31. （　）窦房结和房室结是由左冠状动脉的分支分布的。
32. （　）心包腔是由纤维性心包和浆膜性心包围成的。
33. （　）颈动脉小球属于压力感受器。
*34. （　）睾丸动脉是髂内动脉发出的分支。
35. （　）颈部最大的浅静脉是颈外静脉。
36. （　）贵要静脉最后注入肱静脉。
37. （　）大隐静脉在内踝的后方处位置表浅，可在此进行静脉切开。
38. （　）肝门静脉可收集腹腔中全部器官的静脉血。
39. （　）胸导管收集淋巴的范围占人体的 3/4。
40. （　）乳糜池是胸导管起始部的膨大处。

三、单项选择题

41. 不属于右心房的入口的是（　　）。
    A. 上腔静脉口　　　　　B. 下腔静脉口　　　　　C. 肺静脉口
    D. 冠状窦口　　　　　　E. 以上都不是

42. 位于左房室口处的瓣膜是（　　）。
    A. 主动脉瓣　　　　　　B. 肺动脉瓣　　　　　　C. 三尖瓣
    D. 二尖瓣　　　　　　　E. 以上都不是

43. 卵圆窝位于（　　）。
    A. 室间隔的右心室侧　　B. 房间隔的右心房侧　　C. 房间隔的左心房侧
    D. 室间隔的左心室侧　　E. 以上都不是

44. 心的正常起搏点位于（　　）。
    A. 窦房结　　　　　　　B. 房室结　　　　　　　C. 房室束
    D. 左、右束支　　　　　E. 冠状窦

*45. 左、右冠状动脉发自于（　　）。
    A. 升主动脉　　　　　　B. 主动脉弓　　　　　　C. 胸主动脉
    D. 腹主动脉　　　　　　E. 肺动脉干

46. 下述哪一支不是主动脉弓上的分支？（　　）
    A. 头臂干　　　　　　　B. 右颈总动脉　　　　　C. 左颈总动脉
    D. 左锁骨下动脉　　　　E. 以上都不是

47. 下述哪一支不是颈外动脉的分支？（　　）
    A. 面动脉　　　　　　　B. 椎动脉　　　　　　　C. 上颌动脉
    D. 颞浅动脉　　　　　　E. 甲状腺上动脉

*48. 分布到胃的血液，来自于哪个动脉的分支？（　　）
    A. 腹腔干　　　　　　　B. 肠系膜上动脉　　　　C. 肾动脉
    D. 肠系膜下动脉　　　　E. 肝固有动脉

*49. 分布到空、回肠的动脉来自于(　　)。
A. 腰动脉　　　　　　B. 肠系膜上动脉　　　　C. 腹腔干
D. 肠系膜下动脉　　　E. 肝总动脉

50. 位于小腿后部的动脉是(　　)。
A. 腘动脉　　　　　　B. 股动脉　　　　　　　C. 胫后动脉
D. 胫前动脉　　　　　E. 足背动脉

51. 上肢的浅静脉中不包括(　　)。
A. 头静脉　　　　　　B. 贵要静脉　　　　　　C. 肘正中静脉
D. 肱静脉　　　　　　E. 以上都不是

52. 不属于上腔静脉收集的静脉是(　　)。
A. 头颈部静脉　　　　B. 气管静脉　　　　　　C. 心静脉
D. 食管静脉　　　　　E. 腋静脉

53. 肝门静脉的属支中不应有(　　)。
A. 脾静脉　　　　　　B. 肾静脉　　　　　　　C. 肠系膜上静脉
D. 肠系膜下静脉　　　E. 胃左静脉

54. 由胸导管收集的淋巴干有(　　)。
A. 右颈干　　　　　　B. 右腰干　　　　　　　C. 右支气管纵隔
D. 右锁骨下干　　　　E. 以上都不是

55. 由右淋巴导管收集淋巴的区域是(　　)。
A. 左上半身　　　　　B. 右上半身　　　　　　C. 左下半身
D. 右下半身　　　　　E. 以上都不是

四、名词解释

56. 卵圆窝

*57. 心包腔

*58. 动脉韧带

59. 颈动脉窦

60. 颈动脉小球

*61. 静脉瓣

*62. 静脉角

63. 胸导管

五、简答题
*64. 经股动脉插管进行右冠状动脉支架手术,请说出插管所经过的动脉名称。

65. 描述肝门静脉与上、下腔静脉之间的三条吻合途径。

*66. 经手背静脉网输液治疗右肺大叶性肺炎,请问药物需经过哪些途径到达右肺?

任务二 组织学自测题

一、填空题

1. 毛细血管可分为_____、_____和_____三种。
2. 中动脉又称为_____动脉,大动脉又称为_____动脉。
3. 微循环包括_____、_____、_____、_____、_____和_____六个部分。
*4. 静脉管壁特点之一是中膜内_____少,大静脉的特点之一是外膜内有较多的_____。
5. 连续毛细血管的结构特点是_____借_____形成一层连续的内皮,内皮外有_____。
*6. 连续毛细血管的物质交换主要通过_____完成,有孔毛细血管的物质交换主要通过_____完成;窦状毛细血管的物质交换是通过_____及_____完成。
*7. 心室肌由内向外可分为_____、_____和_____

三层。

8. 淋巴结的皮质包括＿＿＿＿＿＿、＿＿＿＿＿＿和＿＿＿＿＿＿三个部分。

9. 在淋巴结的皮质淋巴窦中有＿＿＿＿＿＿和＿＿＿＿＿＿两种细胞。

*10. 脾的白髓包括＿＿＿＿＿＿和＿＿＿＿＿＿两种结构。

11. 脾的功能有＿＿＿＿＿＿、＿＿＿＿＿＿、＿＿＿＿＿＿和＿＿＿＿＿＿。

二、是非判断题

12. （　）毛细血管的管壁由一层内皮和外面的基膜构成。
13. （　）静脉的特点是管径小，管壁薄，弹性差。
14. （　）微循环中起交换作用的是真毛细血管。
15. （　）凡是胸腺依赖区都是由T淋巴细胞构成的。
16. （　）淋巴小结位于淋巴结的深层皮质内。
*17. （　）脾窦内充满淋巴，属于淋巴窦。
*18. （　）脾索与髓索都是由B淋巴细胞构成的。
*19. （　）胚胎时期的脾有造全血的功能，出生后脾虽然无造全血细胞的功能，但仍含有造血干细胞，在机体需要时脾可恢复造全血的功能。

三、单项选择题

*20. 大量环行平滑肌位于中动脉的（　　）。
A. 内膜内　　　　　　B. 中膜内　　　　　　C. 外膜内
D. 内皮下层内　　　　E. 外膜与中膜的交界处

21. 称为阻力血管的是（　　）。
A. 大动脉　　　　　　B. 中动脉　　　　　　C. 小动脉
D. 微动脉　　　　　　E. 小静脉

22. 大动脉的中膜内含有大量的（　　）。
A. 平滑肌　　　　　　B. 结缔组织　　　　　C. 胶原纤维
D. 网状纤维　　　　　E. 弹性膜

23. 动脉中膜内不含（　　）。
A. 成纤维细胞　　　　B. 平滑肌　　　　　　C. 营养血管
D. 胶原纤维　　　　　E. 弹性纤维

24. 管壁三层结构区分最清楚的血管是（　　）。
A. 大动脉　　　　　　B. 中动脉　　　　　　C. 小动脉
D. 毛细血管　　　　　E. 静脉

25. 管壁有较厚平滑肌的血管是（　　）。
A. 大动脉　　　　　　B. 中动脉　　　　　　C. 小动脉
D. 毛细血管　　　　　E. 静脉

26. 管壁含有较厚弹性膜的血管是（　　）。
A. 大动脉　　　　　　B. 中动脉　　　　　　C. 小动脉
D. 毛细血管　　　　　E. 静脉

27. 管壁结构最薄的是（　　）。
    A. 大动脉　　　　　　B. 中动脉　　　　　　C. 小动脉
    D. 毛细血管　　　　　E. 静脉
28. 连续毛细血管存在于（　　）。
    A. 胃肠黏膜　　　　　B. 肾血管球　　　　　C. 肝
    D. 脾　　　　　　　　E. 肺
29. 有孔毛细血管存在于（　　）。
    A. 肾血管球　　　　　B. 肺　　　　　　　　C. 脊髓
    D. 肌组织　　　　　　E. 结缔组织
30. 血窦存在于（　　）。
    A. 肌组织　　　　　　B. 胃肠黏膜　　　　　C. 肾血管球
    D. 肝　　　　　　　　E. 肺
31. 淋巴结中由T淋巴细胞构成的是（　　）。
    A. 副皮质区　　　　　B. 淋巴小结　　　　　C. 髓索
    D. 皮质淋巴窦　　　　E. 生发中心
*32. 脾中的胸腺依赖区为（　　）。
    A. 脾小结　　　　　　B. 动脉周围淋巴鞘　　C. 脾索
    D. 脾窦　　　　　　　E. 红髓
33. 淋巴结的功能中不含有（　　）。
    A. 滤过淋巴　　　　　　　　　　　　　　　B. 产生T淋巴细胞
    C. 参与机体的免疫　　　　　　　　　　　　D. 胚胎时期造血
    E. 产生B淋巴细胞
34. 淋巴结内B淋巴细胞主要分布于（　　）。
    A. 浅层皮质　　　　　B. 深层皮质　　　　　C. 髓索
    D. 淋巴窦　　　　　　E. 皮质与髓质交界处
35. 淋巴结内T淋巴细胞主要分布于（　　）。
    A. 浅层皮质　　　　　B. 深层皮质　　　　　C. 髓索
    D. 淋巴窦　　　　　　E. 皮质与髓质交界处
36. 能产生抗体的细胞是（　　）。
    A. B淋巴细胞　　　　B. T淋巴细胞　　　　C. 浆细胞
    D. 巨噬细胞　　　　　E. 网状细胞
*37. 脾滤血的部位主要是（　　）。
    A. 脾索和边缘区　　　　　　　　　　　　　B. 边缘区和动脉周围淋巴鞘
    C. 动脉周围淋巴鞘和脾小体　　　　　　　　D. 脾小体和脾血窦
    E. 以上都不对
38. 动脉周围淋巴鞘的主要细胞是（　　）。
    A. 网状细胞　　　　　B. 巨噬细胞　　　　　C. T淋巴细胞
    D. B淋巴细胞　　　　E. 浆细胞

四、名词解释

39. 微循环

*40. 生发中心

*41. 动脉周围淋巴鞘

五、简答题

42. 毛细血管可分为哪几种？各分布于何处？

*43. 试比较淋巴结和脾的组织结构的相同之处。

任务三 生理学自测题

一、填空题

1. 心动周期与心率呈_____关系,若心率加快,心动周期_____。
2. 心脏的泵血包括_____和_____两个过程。
3. 第一心音的特点是_____,它标志着_____的开始。
4. 心室肌细胞动作电位的主要特征是_____,心肌自律细胞的生物电特点是_____。
5. 心肌的生理特性是_____、_____、_____和_____。
6. 心脏活动的正常起搏点位于_____,由该处控制的心跳节律为_____。
7. 正常成人在安静时,收缩压为_____mmHg,舒张压为_____mmHg,脉压为_____mmHg。
8. 形成动脉血压的前提条件是_____,根本因素是_____和_____。
9. 微循环的三条通路是_____、_____和_____。
10. 组织液生成的结构基础是_____,有效滤过压是组织液生成的_____。
11. 心血管活动的基本中枢在_____。
*12. 心血管活动的反射性调节是通过_____和_____完成的。

二、是非判断题

13. (　　)心室的收缩过程包括等容收缩期和射血期。
14. (　　)心室充盈主要是靠心房的收缩作用。
15. (　　)搏出量和心率的改变都可影响心排出量。
16. (　　)心室收缩时,动脉血压升高所达到的最高值称为舒张压。
17. (　　)微循环的直捷通路是进行物质交换的重要场所。
18. (　　)颈动脉体和主动脉体属于压力感受器。

三、单项选择题

19. 心脏射血发生在(　　)。
    A. 心房收缩期　　　　　　　B. 心室收缩期　　　　　　　C. 心室充盈期
    D. 等容舒张期　　　　　　　E. 全心舒张期
*20. 心室肌的前负荷是指(　　)。
    A. 收缩末期心室容积　　　　B. 舒张末期心室容积
    C. 快速射血期末心室容积　　D. 等容舒张期心室容积
    E. 快速充盈期心室容积
*21. 心室肌的后负荷是指(　　)。

A. 心房压 B. 大动脉血压 C. 收缩末期心室内压
D. 舒张末期心室内压 E. 快速充盈期心室内压

*22. 正常人心率超过180次/分时,心输出量减少的主要原因是(　　)。
A. 心充盈期缩短 B. 快速射血期缩短 C. 减慢射血期缩短
D. 等容收缩期缩短 E. 等容舒张期缩短

23. 心室肌细胞动作电位的主要特征表现在(　　)。
A. 0期　　　B. 1期　　　C. 2期　　　D. 3期　　　E. 4期

24. 下列哪一心音可作为心室收缩期开始的标志?(　　)
A. 第一心音 B. 第二心音 C. 第三心音
D. 第四心音 E. 主动脉瓣关闭音

25. 心室肌细胞动作电位的2期复极形成与下列哪种因素有关?(　　)
A. Na^+内流与Ca^{2+}内流 B. Na^+内流与K^+外流
C. Ca^{2+}内流与K^+外流 D. Ca^{2+}内流与Cl^-内流
E. K^+外流与Cl^-内流

26. 心脏正常起搏点位于(　　)。
A. 窦房结 B. 心房 C. 房室交界区
D. 浦肯野纤维网 E. 心室

27. 房室延搁的生理意义是(　　)。
A. 增强心肌收缩力 B. 使心室肌不会产生强直收缩
C. 使心房、心室不会同步收缩 D. 使心室肌有效不应期延长
E. 使心室肌动作电位幅度增加

28. 心动周期中主动脉血压的最高值称为(　　)。
A. 收缩压 B. 舒张压 C. 脉压
D. 平均动脉压 E. 循环系统平均充盈压

29. 动脉血压保持相对稳定的意义是(　　)。
A. 保持血管充盈 B. 保持足够的静脉回流量
C. 防止血管硬化 D. 保证器官的血液供应
E. 减轻心肌的前负荷

30. 形成动脉血压的前提因素是(　　)。
A. 心血管系统中有充足的血液充盈 B. 大动脉的弹性贮器作用
C. 心脏射血 D. 血管阻力
E. 心脏的收缩能力

*31. 对收缩压产生影响的主要因素是(　　)。
A. 每搏输出量 B. 大动脉的弹性 C. 前负荷
D. 心输出量 E. 心率

*32. 影响舒张压的主要因素是(　　)。
A. 每搏输出量 B. 血管的长度 C. 血液黏度
D. 阻力血管的口径 E. 大动脉管壁的弹性

*33. 老年人动脉管壁组织硬变可引起(　　)。

A. 大动脉的弹性贮器作用加大　　B. 收缩压和舒张压变化都不大
C. 收缩压降低,舒张压升高　　　D. 收缩压升高,舒张压升高
E. 收缩压升高,脉压增大

34. 中心静脉压的高低取决于( )。
   A. 平均动脉压　　　　B. 血管容量　　　　C. 外周阻力
   D. 呼吸运动　　　　　E. 静脉回流血量和心脏射血能力

35. 下列血管中血压最低的是( )。
   A. 小动脉　　　　　　B. 主动脉　　　　　C. 腔静脉
   D. 小静脉　　　　　　E. 毛细血管

36. 中心静脉压的高低取决于( )。
   A. 平均动脉压　　　　B. 血管容量　　　　C. 外周阻力
   D. 呼吸运动　　　　　E. 静脉回流血量和心脏射血能力

*37. 静脉回流多少主要取决于( )。
   A. 外周静脉压与中心静脉压之差　　B. 心肌的后负荷
   C. 心肌的前负荷　　　　　　　　　D. 外周动脉压与静脉压之差
   E. 骨骼肌的挤压

38. 在微循环中,进行物质交换的主要部位是( )。
   A. 微动脉　　　　　　B. 真毛细血管　　　C. 通血毛细血管
   D. 动-静脉短路　　　 E. 微静脉

39. 微循环中参与体温调节的是( )。
   A. 迂回通路　　　　　B. 微动脉　　　　　C. 动-静脉短路
   D. 直捷通路　　　　　E. 毛细血管前括约肌

40. 组织液的生成主要取决于( )。
   A. 毛细血管血压　　　B. 有效滤过压　　　C. 血浆胶体渗透压
   D. 血浆晶体渗透压　　E. 淋巴回流

*41. 能使组织液生成减少的是( )。
   A. 大量血浆蛋白丢失　　　　　　　B. 毛细血管血压升高
   C. 右心衰竭,静脉回流受阻　　　　D. 血浆胶体渗透压升高
   E. 淋巴回流受阻

*42. 右心衰竭时,组织水肿的主要原因是( )。
   A. 血浆胶体渗透压降低　B. 组织液胶体渗透压升高　C. 毛细血管血压升高
   D. 组织液静水压降低　　E. 淋巴回流受阻

43. 调节心血管活动的基本中枢在( )。
   A. 脊髓　　　　　　　B. 延髓　　　　　　C. 脑桥
   D. 下丘脑　　　　　　E. 大脑

44. 心肌不会产生强直收缩的原因是( )。
   A. 心脏有传导性　　　　B. 心肌呈"全或无"收缩
   C. 心肌有自律性　　　　D. 心肌的有效不应期特别长
   E. 心肌肌浆网不发达,Ca^{2+}贮量少

四、名词解释

45．心动周期

46．每分搏出量

47．动脉血压

＊48．中心静脉压

49．微循环

＊50．窦性心律

*51. 期前收缩

*52. 代偿间歇

五、简答题

*53. 比较第一心音与第二心音产生的原因和特点。

54. 哪些因素会影响动脉血压？如何影响？

*55. 何谓每搏输出量、每分输出量？影响心输出量的因素有哪些？

56. 心脏正常兴奋的传导顺序如何？有何特点和意义？

*57. 简述心肌兴奋性的周期性变化。

*58. 叙述减压反射的具体过程和意义。

（麻　智）

第十章 能量代谢与体温

【学习指导】

一、能量代谢

（一）概念
通常把机体内物质代谢过程中所伴随着的能量的贮存、释放、转移和利用，称为能量代谢。

（二）影响能量代谢的因素
肌肉活动、环境温度、食物的特殊动力效应以及精神活动。

（三）基础代谢
基础代谢是指人在基础状态下的能量代谢。单位时间内的基础代谢，称为基础代谢率。

二、体温

（一）正常体温
腋窝温度正常值为36～37.4 ℃；口腔温度比腋窝温度高0.4 ℃；直肠温度比口腔温度高0.3 ℃。

（二）体温的生理变动
1. 昼夜变化
2. 性别
3. 年龄
4. 其他因素

肌肉运动、情绪激动、精神紧张和进食等。

（三）机体的产热与散热
1. 机体的产热过程

安静时，主要由内脏器官产热，其中肝产热居首。

劳动或运动时，骨骼肌成为主要产热器官。

2. 机体的散热过程

散热的方式有辐射散热、传导散热、对流散热和蒸发散热（不感蒸发和可感蒸发）。

3. 体温调节

温度感受器：外周温度感受器、中枢温度感受器。

体温调节的基本中枢：下丘脑。

【学习检测】

生理学自测题

一、填空题

1. 正常成人腋窝温度为_____℃,口腔温度为_____℃,直肠温度为_____℃。
2. 机体主要的产热器官是_____和_____。安静时以_____产热为主,尤其是_____产热量最高。运动时以_____产热为主。
3. 机体最主要的散热器官是_____。其散热方式有_____、_____、_____和_____。
4. 皮肤的蒸发散热有_____和_____两种形式。
5. 人在安静状态下,环境温度达_____℃时便开始发汗。
6. 人在高温下劳动,能量代谢率_____,主要散热方式是_____。
7. 用酒精擦身是增加_____散热,高烧患者用冰袋降温是增加_____散热。

二、是非判断题

8. （　　）脂肪是机体的主要能源物质。
9. （　　）ATP是机体的重要贮能物质,又是直接的供能物质。
10. （　　）环境温度越低,机体的能量代谢率就越低。
11. （　　）人体每天不感蒸发的水分可达到1 L。
12. （　　）体温调节的基本中枢位于下丘脑的视前区-下丘脑前部。

三、单项选择题

13. 下列哪种物质既是重要的贮能物质,又是直接供能的物质?（　　）
　　A. 葡萄糖　　　　　　　B. 肝糖原　　　　　　　C. 三磷酸腺苷
　　D. 脂肪酸　　　　　　　E. 磷酸肌酸
14. 对能量代谢影响最显著的因素是（　　）。
　　A. 环境因素　　　　　　B. 精神因素　　　　　　C. 肌肉活动
　　D. 进食　　　　　　　　E. 年龄差异
*15. 对能量代谢有较显著影响的是（　　）。
　　A. 打排球　　　　　　　B. 睡眠时　　　　　　　C. 听音乐时
　　D. 进食后　　　　　　　E. 在25 ℃的环境中
*16. 基础代谢率的测定常用于诊断（　　）。
　　A. 垂体功能低下或亢进　　B. 肾上腺功能低下或亢进
　　C. 胰岛功能低下或亢进　　D. 甲状腺功能低下或亢进
　　E. 胸腺功能低下或亢进

17. 基础代谢率的正常变化百分率应为（　　）。
    A. ±5%　　　　　　　　B. ±10%　　　　　　　　C. ±15%
    D. ±20%　　　　　　　E. ±25%

*18. 在寒冷环境中主要依靠下列哪种方式增加产热量？（　　）
    A. 肌紧张增强　　　　　B. 寒战产热　　　　　　C. 肝脏代谢亢进
    D. 非寒战性产热　　　　E. 基础代谢增强

19. 各种食物的特殊动力效应不同，最为显著的是（　　）。
    A. 蛋白质食物　　　　　B. 糖类食物　　　　　　C. 脂肪食物
    D. 混合食物　　　　　　E. 以上都不是

20. 安静时，在下列哪一环境温度范围内能量代谢最稳定？（　　）
    A. 10～15 ℃　　　　　 B. 15～20 ℃　　　　　　C. 20～30 ℃
    D. 30～35 ℃　　　　　 E. 35～40 ℃

*21. 关于体温生理变动的叙述，下列哪项正确？（　　）
    A. 变动范围无规律　　　　B. 昼夜波动幅值大于2 ℃
    C. 午后体温比清晨低　　　D. 女子排卵后体温下降
    E. 肌肉活动使体温升高

*22. 关于育龄期女性体温的叙述，错误的是（　　）。
    A. 一般比同龄男性略低　　B. 排卵前低　　　　　　C. 排卵日最低
    D. 排卵后升高　　　　　　E. 月经周期中体温变化与血中孕激素浓度有关

23. 下列哪项不影响体温的生理变化？（　　）
    A. 昼夜变动　　　　　　B. 性别差异　　　　　　C. 年龄差异
    D. 情绪变化　　　　　　E. 身高和体重差异

24. 人体的主要散热部位是（　　）。
    A. 皮肤　　　　　　　　B. 呼吸道　　　　　　　C. 泌尿道
    D. 消化道　　　　　　　E. 肺循环

25. 女子体温随月经周期而波动，主要与下列哪种激素有关？（　　）
    A. 甲状腺激素　　　　　B. 生长素　　　　　　　C. 雌激素
    D. 促肾上腺皮质激素　　E. 胰岛素

26. 安静状态下，当环境温度升高到30 ℃左右时，机体的主要散热方式是（　　）。
    A. 辐射散热　　　　　　B. 对流散热　　　　　　C. 发汗
    D. 传导散热　　　　　　E. 不感散热

27. 给高热患者酒精擦浴是为了增加（　　）。
    A. 辐射散热　　　　　　B. 蒸发散热　　　　　　C. 传导散热
    D. 传导和对流散热　　　E. 不感蒸发

*28. 实验证明保留动物的哪一部分及其以下神经结构的完整，才能维持体温相对恒定？
（　　）
    A. 延髓　　　　　　　　B. 中脑　　　　　　　　C. 下丘脑
    D. 小脑　　　　　　　　E. 大脑

四、名词解释

29. 能量代谢

*30. 基础代谢率

31. 体温

*32. 体温调定点

五、简答题

33. 影响能量代谢的主要因素有哪些?

34. 影响体温变动的生理因素有哪些?

(周树启)

第十一章 感觉器官

【学习指导】

一、感觉器官的大体结构

(一) 视器

1. 眼球

眼球壁
- 外膜(纤维膜)
  - 角膜:前1/6,无色透明,无血管,神经丰富,可折光
  - 巩膜:后5/6,乳白色。与角膜交界处有巩膜静脉窦
- 中膜(血管膜)
  - 虹膜:盘状,内有瞳孔开大肌和瞳孔括约肌,中央为瞳孔
  - 睫状体:可产生房水,环形,内含睫状肌,可调节晶状体
  - 脉络膜:富含血管和色素
- 内膜(视网膜)

眼球内容物
- 房水:位于眼房中的无色透明的液体
- 晶状体:无色透明,双凸透镜状,弹性较好,曲度受睫状肌控制
- 玻璃体:充填于晶状体和视网膜之间的无色透明胶状物

房水的产生与循环:
由睫状体产生,经眼球后房、瞳孔、眼球前房、虹膜角膜角渗入巩膜静脉窦。

2. 眼副器

- 眼睑
- 结膜:分为睑结膜与球结膜
- 泪器
  - 泪腺:位于眼球外上方
  - 泪道:包括泪小管、泪囊、鼻泪管
- 眼外肌:7块,上睑提肌、上直肌、下直肌、内直肌、外直肌、上斜肌、下斜肌

(二) 前庭蜗器

1. 外耳

外耳
- 耳廓:由弹性软骨构成
- 外耳道:外耳门至鼓膜的一段弯曲的管道
- 鼓膜:位于外耳道与鼓室之间的一半透明薄膜,中部凹陷称为鼓膜脐

2. 中耳

中耳
- 鼓室:颞骨内的一个不规则的含气小腔,位于鼓膜与内耳之间,内有听小骨
- 咽鼓管:中耳鼓室与鼻咽部之间的通道
- 乳突小房:位于颞骨乳突内的许多含气小腔

3. 内耳

内耳 {
  骨迷路 {
    骨半规管：与前庭相通的三个半环形管道
    前庭：介于骨半规管和耳蜗之间的椭圆形空间,外侧壁有前庭窗和蜗窗
    耳蜗：形似蜗牛,由骨性蜗螺旋管围绕蜗轴旋转形成
  }
  膜迷路 {
    膜半规管：位于骨半规管内,内有壶腹嵴为平衡觉感受器
    椭圆囊与球囊：位于前庭内,内有椭圆囊斑和球囊斑,为平衡觉感受器
    蜗管：位于骨螺旋管内,基膜上有螺旋器,为听觉感受器
  }
}

二、感觉器官的微细结构

皮肤由表皮和真皮两部分组成。表皮是皮肤的浅层,为角化的复层扁平上皮。真皮位于表皮的深面,由致密结缔组织构成。

1. 表皮

由基底层、棘层、颗粒层、透明层、角质层五层构成。

2. 真皮

分为乳头层和网状层。

三、感觉器官的生理功能

（一）感受器的一般生理特性

{
  适宜刺激
  换能作用
  编码作用
  适应现象
}

（二）视觉器官

1. 眼的折光功能

眼球的折光系统：由角膜、房水、晶状体、玻璃体构成,对光线有折射作用。

眼的调节方式 {
  晶状体的折光力
  瞳孔的调节：瞳孔近反射、瞳孔对光反射
  两眼球会聚
}

2. 眼的感光功能

{
  视杆细胞：对光敏感度高,感受弱光刺激,引起暗视觉,但无色觉
  视锥细胞：对光敏感性差,强光下辨别颜色,对被视物的细节具有较高分辨能力
}
视网膜的光化学反应

3. 与视觉有关的生理现象：视力、暗适应和明适应、视野、色盲与色弱、立体视觉

（三）听觉

{
  气传导：声波经外耳道引起鼓膜振动,再经听骨链和前庭窗传入内耳
  骨传导：声波直接引起颅骨的振动,从而引起耳蜗内淋巴的振动
}

耳的平衡功能

当人体头部位置改变或做直线变速运动时,椭圆囊斑和球囊斑内的毛细胞兴奋,引起姿

势反射维持身体平衡。人体做旋转变速运动时,半规管内的毛细胞兴奋,以维持身体平衡。

【学习检测】

任务一　解剖学自测题

一、填空题

1. 眼球纤维膜的前1/6为_____,后5/6为_____,两者的交界处有一环形的小管称为_____。
2. 眼球的血管膜从前向后依次为_____、_____和_____。
3. 虹膜内的两种平滑肌中,呈放射状排列的为_____,呈环形排列的为_____。
4. 眼球的折光系统包括_____、_____、_____和_____。
5. 泪器中的泪道包括_____、_____和_____三个部分。
6. 听小骨包括_____、_____和_____,它们共同构成_____。
7. 骨迷路由_____、_____和_____构成。

二、是非判断题

8. (　　)角膜上无血管,但有丰富的神经末梢。
9. (　　)虹膜内,呈放射状排列的平滑肌为瞳孔括约肌。
10. (　　)视网膜上感光最敏锐的部位在黄斑的中央凹。
11. (　　)覆盖在眼睑内面的结膜为球结膜。
12. (　　)鼓室是位于鼓膜与内耳之间密闭的腔隙,与外界不相通。

三、单项选择题

13. 由眼球的外膜形成的结构是(　　)。
    A. 虹膜　　　　　　　　B. 巩膜　　　　　　　　C. 脉络膜
    D. 视网膜　　　　　　　E. 睫状体
14. 眼的折光系统中不包括(　　)。
    A. 虹膜　　　　　　　　B. 晶状体　　　　　　　C. 玻璃体
    D. 房水　　　　　　　　E. 角膜
15. 不属于眼副器的是(　　)。
    A. 结膜　　　　　　　　B. 泪器　　　　　　　　C. 眼睑
    D. 玻璃体　　　　　　　E. 眼外肌
16. 眼外肌中,能使眼球转向上外的是(　　)。
    A. 外直肌　　　　　　　B. 上直肌　　　　　　　C. 上斜肌

D. 下斜肌　　　　　　　　E. 下直肌
17. 下列不属于中耳的结构是(　　)。
A. 咽鼓管　　　　　　　　B. 鼓膜　　　　　　　　C. 乳突小房
D. 鼓室　　　　　　　　　E. 乳突窦
18. 下列不属于膜迷路的结构是(　　)。
A. 膜半规管　　　　　　　B. 椭圆囊　　　　　　　C. 球囊
D. 蜗螺旋管　　　　　　　E. 蜗管
19. 内耳的听觉感受器是(　　)。
A. 壶腹嵴　　　　　　　　B. 螺旋器　　　　　　　C. 椭圆囊斑
D. 球囊斑　　　　　　　　E. 以上都不是

四、名词解释

20. 视神经盘

21. 黄斑

22. 瞳孔

五、简答题

23. 描述房水的产生与循环途径。

任务二　组织学自测题

一、填空题

*1. 表皮从基底到表面由_____、_____、_____、_____和_____五层构成。

*2. 真皮分_____和_____两层。

*3. 毛分_____、_____和_____三个部分。

二、是非判断题

*4. (　　)皮肤表皮中透明层细胞的细胞核与细胞器均已消失。

5. (　　)真皮中的网织层紧邻表皮，位于乳头层的浅层。

6. (　　)立毛肌是由骨骼肌构成的。

*7. (　　)汗腺是管状腺，皮脂腺不是管状腺。

三、单项选择题

8. 表皮中分裂增殖能力最强的是(　　)。
   A. 角化层　　　　　B. 棘层　　　　　C. 颗粒层
   D. 基底层　　　　　E. 透明层

9. 与毛发生长密切相关的是(　　)。
   A. 毛根　　　　　　B. 毛囊　　　　　C. 毛球
   D. 毛乳头　　　　　E. 毛干

10. 不属于皮肤附属器的是(　　)。
    A. 毛发　　　　　　B. 汗腺　　　　　C. 角质
    D. 皮脂腺　　　　　E. 指甲

任务三　生理学自测题

一、填空题

1. 人体最主要的感觉器官有_____和_____等。

2. 感受器的一般生理特性是_____、_____、_____和_____。

3. 眼的折光系统包括_____、_____、_____和_____。

4. 视近物时眼的调节有_____、_____和_____。

5. 屈光不正主要表现为_____、_____和_____。

6. 眼球前后径过长，视远物不清称为_____眼，宜用_____镜矫正。

7. 感光细胞中能感受强光和分辨颜色的是_____细胞,能感受弱光的是_____细胞。

8. 长期维生素 A 缺乏,会影响_____视觉,引起_____。

9. 耳是_____器官,也是_____和_____器官。

*10. 听骨链在声波传导中的作用是使振动幅度_____,振动强度_____。

11. 声波传入到内耳有_____和_____两条途径。

二、是非判断题

12. (　　)正常眼视 6 m 以外的远物不需要调节即可看清物体。

13. (　　)视网膜上感光最敏锐的部位在黄斑的中央凹。

14. (　　)瞳孔近反射是指看近物时可反射性引起瞳孔开大。

15. (　　)暗适应是眼在暗处对光的敏感性逐渐提高的过程。

16. (　　)骨传导是声波传入内耳的主要途径。

17. (　　)前庭器官在保持身体平衡中起重要的作用。

三、单项选择题

18. 专门感受机体内、外环境变化的结构或装置称为(　　)。
    A. 受体　　　　　　　　B. 感受器　　　　　　　C. 分析器
    D. 感觉器官　　　　　　E. 特殊器官

19. 当刺激感受器时,刺激虽仍持续,但传入纤维上的冲动频率却已开始下降。这种现象称为感受器的(　　)。
    A. 疲劳　　B. 抑制　　C. 适应　　D. 适宜　　E. 衰减

20. 视觉器官中可调节眼折光力的是(　　)。
    A. 角膜　　　　　　　　B. 房水　　　　　　　　C. 晶状体
    D. 玻璃体　　　　　　　E. 瞳孔

21. 发生老视的主要原因是(　　)。
    A. 角膜曲率变小　　　　B. 角膜透明度减小
    C. 房水循环受阻　　　　D. 晶状体弹性减弱
    E. 晶状体厚度增加

22. 瞳孔对光反射中枢位于(　　)。
    A. 延髓　　B. 脑桥　　C. 中脑　　D. 下丘脑　　E. 脊髓

23. 视锥细胞在何处最密集?(　　)
    A. 视神经盘　　　　　　B. 黄斑的中央凹　　　　C. 视网膜中心
    D. 视网膜的外周　　　　E. 视神经盘周围

24. 视杆细胞中的感光色素是(　　)。
    A. 视蛋白　　　　　　　B. 视黄醛　　　　　　　C. 视紫红质
    D. 视紫蓝质　　　　　　E. 视色素

25. 哪种维生素缺乏可造成夜盲症?(　　)
    A. 维生素 A　　　　　　B. B族维生素　　　　　C. 维生素 C
    D. 维生素 D　　　　　　E. 维生素 E

26. 眼的换能装置位于(　　)。
   A. 虹膜　　　　　　　　B. 巩膜　　　　　　　　C. 角膜
   D. 晶状体　　　　　　　E. 视网膜

*27. 正常人视野,由小到大的顺序是(　　)。
   A. 红—绿—蓝—白　　　B. 绿—蓝—白—红　　　C. 蓝—白—红—绿
   D. 绿—红—蓝—白　　　E. 白—蓝—红—绿

28. 内耳的作用是(　　)。
   A. 集音　　B. 传音　　C. 扩音　　D. 减音　　E. 感音

29. 正常人耳能听到的声波频率范围是(　　)。
   A. 20～200 Hz　　　　　B. 20～2000 Hz　　　　C. 20～20000 Hz
   D. 200～20000 Hz　　　E. 200～2000 Hz

30. 视远物时,平行光线聚集于视网膜之前的眼称为(　　)。
   A. 远视眼　　　　　　　B. 散光眼　　　　　　　C. 近视眼
   D. 斜视眼　　　　　　　E. 正视眼

31. 视近物时的调节包括(　　)。
   A. 两眼发散　　　　　　B. 晶状体变凸　　　　　C. 瞳孔对光反射
   D. 瞳孔远反射　　　　　E. 瞳孔散大

*32. 下列关于瞳孔的调节的叙述,哪一项是错误的?(　　)
   A. 视远物时瞳孔扩大　　　　B. 在强光刺激下,瞳孔缩小
   C. 瞳孔对光反射为单侧效应　D. 瞳孔对光反射的中枢在中脑
   E. 瞳孔的大小可以控制进入眼内的光量

33. 夜盲症发生的原因是(　　)。
   A. 视蛋白合成障碍　　　　B. 视紫红质缺乏　　　　C. 视锥细胞功能障碍
   D. 晶状体混浊　　　　　　E. 缺乏维生素

*34. 视近物时使成像落在视网膜上的调节活动是(　　)。
   A. 角膜曲率半径变大　　　　B. 晶状体前、后表面曲率半径变小
   C. 眼球前后径增大　　　　　D. 房水折光指数增高
   E. 瞳孔缩小

四、名词解释

35. 感受器

*36. 近点

37. 瞳孔对光反射

38. 视力

五、简答题

*39. 眼的折光异常有哪几类?其产生原因各是什么?如何矫正?

40. 声波是如何传入内耳的?

(孟庆鸣)

第十二章　神经系统

【学习指导】

一、神经系统的大体结构

（一）中枢神经系统

1. 脊髓

（1）位置

脊髓位于椎管内,上端在枕骨大孔处与延髓相连,下端在成人平第1腰椎的下缘,在新生儿约平第3腰椎下缘。

（2）外形
- 外形特点：前后略扁的圆柱形
- 膨大：上部有颈膨大,下部有腰骶膨大
- 沟裂
  - 前正中裂
  - 后正中沟
  - 前外侧沟：有脊神经前根穿过
  - 后外侧沟：有脊神经后根穿过

（3）内部结构

内部结构
- 灰质
  - 前角（柱）：由运动神经元构成
  - 侧角（柱）：由交感神经元构成
  - 后角（柱）：由联络神经元构成
- 白质
  - 上行纤维束
    - 薄束和楔束：传导本体感觉和精细触觉
    - 脊髓丘脑束：传导痛、温、触、压觉
  - 下行纤维束：皮质脊髓束,管理躯干和四肢的骨骼肌的运动

（4）功能：传导和反射中枢

2. 脑

（1）脑干

分部
- 延髓：连有Ⅸ、Ⅹ、Ⅺ、Ⅻ对脑神经
- 脑桥：连有Ⅴ、Ⅵ、Ⅶ、Ⅷ对脑神经
- 中脑：连有Ⅲ、Ⅳ对脑神经

内部结构
- 上行纤维束
  - 内侧丘系
  - 脊髓丘系
  - 三叉丘系
- 下行纤维束
  - 皮质核束
  - 皮质脊髓束

(2) 小脑

位置：位于颅后窝，脑桥和延髓的后上方。

外形：由缩窄的小脑蚓和两侧膨大的小脑半球组成。

内部结构：

灰质 { 被覆于表面的一层小脑皮质
　　　 小脑核：小脑白质内的灰质核团，最大的一对为齿状核

白质：小脑深部的结构称为小脑髓体

(3) 间脑

分部 { 背侧丘脑（丘脑）：被"Y"内髓板分为前核群、内侧核群和外侧核群，丘脑的腹后外侧核是躯体感觉传导的中继核
　　　 后丘脑：内、外侧膝状体，分别是听、视觉传导的中继核
　　　 下丘脑：包括视交叉、漏斗、灰结节和乳头体，是内脏活动的较高级中枢

(4) 端脑

外形 { 三个面：内侧面、上外侧面和下面
　　　 三条沟：外侧沟、中央沟和顶枕沟
　　　 五个叶：额叶、顶叶、枕叶、颞叶和岛叶

皮质功能定位 { 躯体运动区：管理对侧半身骨骼肌的运动
　　　　　　　 躯体感觉区：管理对侧半身感觉传入纤维
　　　　　　　 视区：接受双眼对侧半视野视觉冲动的传入
　　　　　　　 听区：接受双侧听觉冲动的传入
　　　　　　　 语言区：能理解他人的语言、文字，也可用说与写的方式表达

基底核：尾状核、豆状核、杏仁体

髓质 { 内囊：位于尾状核、豆状核和丘脑之间，投射纤维由此处经过
　　　 胼胝体：连合左右大脑半球的纤维

侧脑室：位于大脑半球内，借室间孔通第三脑室

3. 脑和脊髓的被膜

(1) 硬膜

硬脊膜：椎管内骨膜之间的狭窄腔隙，内有神经根，是硬膜外麻醉的部位
硬脑膜：形成大脑镰、小脑幕和硬脑膜窦等重要结构

(2) 蛛网膜：与软膜之间形成蛛网膜下隙，内充满脑脊液；终池为临床腰穿抽取脑脊液的部位

(3) 软膜

软脑膜：在脑室附近的软脑膜参与构成脉络丛，是产生脑脊液的部位
软脊膜：贴于脊髓表面，并伸入其沟裂中

(4) 脑的血管

来源：供应脑的血管有颈内动脉和椎动脉。

重要结构：大脑动脉环。

4. 脑脊液的产生与循环

产生：各脑室脉络丛

循环:侧脑室→室间孔→第三脑室→中脑水管→第四脑室→正中孔和外侧孔→蛛网膜下隙→蛛网膜粒→上矢状窦

5. 血脑屏障

概念:在脑组织和毛细血管之间,存在着一种具有选择性通透作用的屏障结构。

组成:由毛细血管内皮细胞之间的紧密连接、内皮的基膜和神经胶质细胞的突起共同构成。

功能:可阻止血液中的有害物质进入脑组织,以维持脑部神经细胞内环境的相对稳定。

(二)周围神经系统

1. 脊神经

颈丛:膈神经 { 运动支:支配膈的运动 / 感觉支:部分胸膜的感觉 }

臂丛:正中神经 { 运动支:支配前臂前群的大部分肌和手肌外侧群的运动 / 感觉支:管理手掌外侧半皮肤的感觉 }

尺神经 { 运动支:支配前臂前群的小部分肌和手肌中内侧群的运动 / 感觉支:管理手掌、手背内侧半皮肤的感觉 }

桡神经 { 运动支:支配肱三头肌、前臂后群肌的运动 / 感觉支:管理手背外侧半皮肤的感觉 }

腰丛:股神经 { 运动支:支配大腿前群肌的运动 / 感觉支:管理大腿前面和小腿内侧的皮肤感觉 }

骶丛:坐骨神经 { 运动支:支配大腿后群肌、小腿肌和足肌的运动 / 感觉支:管理大腿后面、小腿除内侧的皮肤以外的感觉和足感觉 }

2. 脑神经

(1)名称与顺序:一嗅二视三动眼,四滑五叉六外展,七面八前九舌咽,十迷十一副舌下全。

(2)分类

分类 { 感觉性神经:Ⅰ、Ⅱ、Ⅷ / 运动性神经:Ⅲ、Ⅳ、Ⅵ、Ⅺ、Ⅻ / 混合性神经:Ⅴ、Ⅶ、Ⅸ、Ⅹ }

3. 内脏神经

(1)自主神经

特点:①不受意识控制;②支配心肌、平滑肌和腺体;③有交感神经和副交感神经两种纤维,且多支配同一个器官,作用相反;④都有两级神经元,节前和节后纤维。

(2)内脏感觉神经。

(三)脑和脊髓的传导通路

1. 感觉传导通路

{ 躯干、四肢本体感觉和精细触觉传导通路 / 躯干、四肢痛觉、温度觉和粗触觉传导通路 / 视觉传导通路 }

2. 运动传导通路

锥体系、锥体外系

二、神经系统的生理功能

(一) 神经系统的感觉功能

1. 非特异性投射系统的功能

维持和调整大脑皮质的兴奋性,使机体保持觉醒状态。

2. 特异性投射系统的功能

引起特定的感觉,如痛觉、温觉、触觉和视觉等。

3. 痛觉

(1) 皮肤痛特点：先出现快痛,为一种定位清楚,短暂而尖锐的"刺痛"。随后出现定位不准,较持久的"烧灼痛",称为"慢痛"。慢痛常伴有情绪反应及心血管、呼吸等方面的改变。

(2) 内脏痛的特点：

① 疼痛缓慢、持久、定位不精确、对刺激分辨能力差。

② 对切割、烧灼等刺激不敏感,而对机械牵拉、缺血、痉挛和炎症等刺激敏感。

③ 常可出现牵涉痛：内脏疾病引起的体表一定部位出现疼痛或痛觉过敏现象。

(二) 神经系统对躯体运动的调节

1. 脊髓的躯体运动反射

牵张反射：骨骼肌受到外力牵拉而伸长时,反射性地引起该肌肉的收缩。

两种类型 { 腱反射：快速牵拉肌腱时发生的牵张反射,如膝跳反射、肘反射等
肌紧张：缓慢持续牵拉肌腱时发生的牵张反射,维持肌肉的紧张性收缩状态

2. 小脑对躯体运动的调节：维持身体平衡、调节肌紧张、协调随意运动。

(三) 神经系统对内脏运动的调节

1. 交感神经的活动

有利于动员机体各器官的潜在力量,以适应环境的急骤变化。副交感神经活动促进消化、吸收,保存能量,加强排泄和生殖活动。

2. 各级中枢对内脏功能的调节

脊髓：完成排汗、排尿和排便等反射活动。

脑干：心血管活动中枢、呼吸中枢、消化中枢、角膜反射中枢、瞳孔对光反射中枢。

下丘脑：对体温、摄食、水平衡、内分泌活动等有调节作用。

大脑皮质：调节内脏活动的高级中枢。

【学习检测】

任务一 解剖学自测题

一、填空题

1. 脊髓有两处膨大,上方的是_____,下方的是_____。

2. 脊髓灰质的前角由_____神经元胞体构成,后角由_____神

经元胞体构成,侧角由_____神经元构成。

*3. 脊髓白质中的上行纤维束有_____、_____和_____。

4. 脑干自下而上由_____、_____和_____三个部分构成。

*5. 脑干内的脑神经核包括_____、_____和_____三种。

6. 小脑两端的膨大部分称为_____,中间较细的部分称为_____。

7. 间脑主要由_____、_____和_____三个部分构成。

8. 下丘脑内具有分泌功能的神经核是_____和_____。

9. 内侧膝状体是_____传导通路中继核,外侧膝状体是_____传导通路中继核。

10. 大脑半球可分为_____、_____、_____、_____和_____五个叶。

11. 大脑皮质躯体运动区位于_____和_____,躯体感觉区位于_____和_____。

12. 基底核包括_____、_____和_____三个。

*13. 大脑半球内的纤维有_____、_____和_____三种。

14. 脑与脊髓的被膜由外到内依次为_____、_____和_____。

15. 蛛网膜下隙是位于_____与_____之间的腔隙,隙内充满_____。

16. 硬脑膜形成的隔幕中,伸入到大脑纵裂中的是_____,深入到大脑半球枕叶与小脑之间的是_____。

17. 脑的营养来源于_____和_____两个动脉。

*18. 供应大脑半球内侧面的动脉是_____,供应大脑半球上外侧面的是_____,供应大脑半球颞叶下面的是_____。

19. 周围神经系统包括_____、_____和_____。

20. 脊神经包括颈神经_____对,胸神经_____对,腰神经_____对。

21. 臂丛的分支中,_____神经可支配前臂前群大部分肌运动,_____神经可支配前臂后群肌运动。

22. 坐骨神经发自_____丛,它到腘窝处可分为_____神经和_____神经两个分支。

*23. 三叉神经的三个分支中,管理睑裂以上皮肤感觉的是_____神经,管理睑裂到口裂之间皮肤感觉的是_____神经,管理口裂以下皮肤感觉的是_____神经。

*24. 舌后1/3的味觉由_____神经管理,舌前2/3的一般感觉由_____

_____神经管理,舌肌的运动由_____神经支配。

*25. 虹膜内控制瞳孔变化的两种平滑肌中,交感神经支配_____,副交感神经支配_____。

*26. 躯干和四肢的痛觉、温度觉和粗触觉传导路的三级神经元胞体分别位于_____、_____和_____,纤维交叉的部位在_____。

27. 运动传导路的锥体系包括_____和_____,它们是由_____级神经元构成的。

28. 自主神经从低级中枢到效应器要经过_____级神经元传递,换神经元处称为_____。

二、是非判断题

29. (　)中枢神经系统内,神经纤维集中的部位称为白质。
30. (　)脊髓圆锥位于颈膨大和腰骶膨大之间。
31. (　)脊髓节段中的颈髓共有8个节段。
32. (　)脑干共发出了12对脑神经。
33. (　)脑干内心血管活动中枢和呼吸中枢位于延髓。
34. (　)丘脑腹后外侧核是躯体感觉传导通路的中继核。
35. (　)纹状体是由尾状核与杏仁核构成的。
36. (　)内囊可分为内囊前肢、内囊后肢和内囊膝三个部分。
*37. (　)手掌外侧半的皮肤感觉是由正中神经管理的。
*38. (　)膈肌的运动是由胸神经前支支配的。
39. (　)股神经是腰丛的最大一个分支。
40. (　)迷走神经内含有大量的内脏运动神经纤维。
*41. (　)躯干四肢的浅、深感觉传导通路中第一、三级神经元胞体的位置是相同的。
*42. (　)视觉传导通路的第二级神经元是视网膜上的双极细胞。
*43. (　)皮质核束的下运动神经元胞体位于脑干内的脑神经运动核。

三、单项选择题

44. 成人脊髓的下端平齐(　　)。
    A. 第一腰椎上缘　　B. 第三腰椎下缘　　C. 第一骶椎水平
    D. 第一腰椎下缘　　E. 第三腰椎上缘

45. 脊髓白质中下行的传导束是(　　)。
    A. 薄束　　B. 楔束　　C. 脊髓丘脑束
    D. 皮质脊髓侧束　　E. 以上都不是

46. 位于脑干前面的结构是(　　)。
    A. 菱形窝　　B. 大脑脚　　C. 薄束结节
    D. 上丘　　E. 楔束结节

47. 从延髓发出的脑神经是(　　)。
    A. 三叉神经(Ⅴ)　　B. 动眼神经(Ⅲ)　　C. 前庭蜗神经(Ⅷ)
    D. 副神经(Ⅺ)　　E. 外展神经(Ⅵ)

48. 与脑干背侧相连的脑神经是(　　)。

A. 动眼神经（Ⅲ） B. 滑车神经（Ⅳ） C. 三叉神经（Ⅴ）
D. 面神经（Ⅶ） E. 前庭蜗神经（Ⅷ）

49. 视觉传导的中继核是（　　）。
A. 内侧膝状体 B. 外侧膝状体 C. 丘脑外侧核
D. 丘脑内侧核 E. 丘脑前核群

50. 在大脑半球的表面不能直接看到的是（　　）。
A. 顶叶　　B. 岛叶　　C. 颞叶　　D. 枕叶　　E. 额叶

51. 大脑皮质中的听区位于（　　）。
A. 中央前回 B. 中央后回 C. 颞横回
D. 距状沟两侧的皮质 E. 扣带回

52. 中央前回属于（　　）。
A. 躯体运动区 B. 躯体感觉区 C. 听区
D. 视区 E. 书写区

53. 构成纹状体的是（　　）。
A. 尾状核 B. 豆状核和杏仁核 C. 杏仁核
D. 尾状核和豆状核 E. 丘脑和尾状核

54. 蛛网膜下隙位于（　　）。
A. 硬膜与椎管内壁之间 B. 蛛网膜与硬膜之间 C. 蛛网膜与软膜之间
D. 软膜与脊髓或脑之间 E. 硬膜与软膜之间

*55. 不属于硬脑膜窦的是（　　）。
A. 上矢状窦 B. 横窦 C. 海绵窦
D. 冠状窦 E. 下矢状窦

56. 分布到内囊、基底核的中央动脉来自于（　　）。
A. 大脑前动脉 B. 大脑中动脉 C. 大脑后动脉
D. 颈内动脉 E. 椎动脉

57. 膈神经发自于（　　）。
A. 颈丛 B. 臂丛 C. 胸神经前支
D. 腰丛 E. 骶丛

58. 支配前臂后群肌运动的神经是（　　）。
A. 正中神经 B. 尺神经 C. 桡神经
D. 腋神经 E. 肌皮神经

59. 支配大腿前群肌运动的神经是（　　）。
A. 坐骨神经 B. 股神经 C. 腓浅神经
D. 胫神经 E. 腓深神经

60. 支配小腿三头肌运动的神经是（　　）。
A. 坐骨神经 B. 股神经 C. 腓浅神经
D. 胫神经 E. 腓深神经

*61. 支配上斜肌运动的神经是（　　）。
A. 动眼神经 B. 滑车神经 C. 展神经

D. 眼神经　　　　　　　　　E. 视神经

*62. 支配咀嚼肌运动的神经是(　　)。
A. 三叉神经　　　　　　B. 面神经　　　　　　C. 舌咽神经
D. 舌下神经　　　　　　E. 副神经

*63. 下列哪个脑神经未分布到舌?(　　)
A. 面神经　　　　　　　B. 副神经　　　　　　C. 舌咽神经
D. 舌下神经　　　　　　E. 三叉神经

*64. 脑神经中含有副交感神经纤维的有(　　)。
A. 第3、5、7、9对　　　B. 第3、7、9、10对　　C. 第5、7、9、10对
D. 第3、5、7、9、10对　E. 第3、5、9、10对

*65. 躯干、四肢本体感觉和精细触觉传导路第二级神经元胞体位于(　　)。
A. 丘脑腹后核　　　　　B. 脊神经节　　　　　　C. 薄束核和楔束核
D. 中央后回　　　　　　E. 楔束核

四、名词解释

66. 神经核

*67. 小脑扁桃体

68. 内囊

69. 硬膜外隙

70. 大脑动脉环

71. 蛛网膜下隙

五、简答题

72. 描述脑脊液的产生与循环途径。

*73. 分布到眼球和舌的脑神经有哪些？各起什么作用？

74. 交感神经与副交感神经比较有哪些区别？

任务二 生理学自测题

一、填空题

1. 神经元的基本功能是_____和_____。
2. 神经纤维传导兴奋的特征有_____、_____、____和_____。
3. 经典的化学性突触由_____、_____和_____组成。
4. 外周递质主要有_____和_____。
5. 胆碱能受体分为_____和_____，肾上腺素能受体分为____和_____。
6. 肾上腺素能纤维大部分分布于_____的节后纤维。
7. 神经系统活动的基本方式是_____。
8. 中枢神经元的联系方式有_____、_____和_____。
9. 突触传递的特征是_____、_____、_____、_____和_____。
*10. 网状结构上行激动系统的作用主要是通过_____来实现的。
11. 皮肤痛先出现的是_____，随后出现的是_____。
12. 牵张反射包括_____和_____两种类型。
13. 小脑的主要功能有_____、_____和_____。

二、是非判断题

14. （　　）人的基本生命中枢位于大脑皮质。
15. （　　）自主神经节前纤维末梢释放的都是乙酰胆碱。
16. （　　）特异性投射系统的作用主要是维持大脑皮质的觉醒状态。
17. （　　）肌紧张是维持躯体姿势最基本的反射。

18. ( )交感神经在安静时活动较强,常以整个系统参加反应。

三、单项选择题

*19. 化学性突触传递的特征不包括( )。
　　A. 双向传递　　　　　　B. 突触延搁　　　　　　C. 总和
　　D. 对内环境变化敏感　　E. 易疲劳

20. 下列神经中枢内兴奋传递的叙述中,哪一项是错误的?( )
　　A. 单向传递　　　　　　B. 中枢延搁　　　　　　C. 总和
　　D. 兴奋节律不变　　　　E. 对内环境变化敏感性和易疲劳性

21. 下列哪种神经末梢释放的递质不是乙酰胆碱?( )
　　A. 交感和副交感神经的节前纤维　　　B. 副交感节后纤维
　　C. 躯体运动神经　　　　　　　　　　D. 支配骨骼肌血管的交感缩血管神经
　　E. 支配汗腺的交感神经

22. 非特异性投射系统的特点是( )。
　　A. 由丘脑的感觉接替核弥散向皮质投射　　B. 向皮层投射区域狭窄
　　C. 能单独激发大脑皮层放电　　　　　　　D. 能保持大脑皮层的兴奋状态
　　E. 能激发大脑皮层发出传出冲动

23. 以下列举的引发内脏痛的刺激中,哪一项是错误的?( )
　　A. 机械牵拉　　　　　　B. 切割　　　　　　　　C. 缺血
　　D. 痉挛　　　　　　　　E. 炎症

24. 皮肤慢痛的特点是( )。
　　A. 潜伏期短但持续时间长　B. 是一种强烈的烧灼痛　C. 定位准确
　　D. 无心血管反应　　　　　E. 无情绪反应

25. 维持躯体姿势的基本反射是( )。
　　A. 肌紧张　　　　　　　B. 腱反射　　　　　　　C. 屈反射
　　D. 交叉伸肌反射　　　　E. 翻正反射

26. 下列哪项不属于小脑的功能?( )
　　A. 调节内脏活动　　　　B. 维持身体平衡　　　　C. 维持姿势
　　D. 协调随意运动　　　　E. 调节肌紧张

*27. 在动物中脑上、下丘之间切断动物脑干,将出现( )。
　　A. 脊休克　　　　　　　B. 屈反射　　　　　　　C. 肢体麻痹
　　D. 去大脑僵直　　　　　E. 交叉伸肌反射

28. 特异性投射系统的主要功能是( )。
　　A. 维持和改变大脑皮质的兴奋状态　　B. 维持觉醒
　　C. 协调肌紧张　　　　　　　　　　　D. 引起特定的感觉
　　E. 调节内脏功能

29. 运动区主要位于( )。
　　A. 颞叶皮质　　　　　　B. 岛叶皮质　　　　　　C. 枕叶皮质
　　D. 中央前回　　　　　　E. 中央后回

30. 叩击膝腱引起相连的同块肌肉收缩,属于( )。

A. 腱反射 B. 肌紧张 C. 突触反射
D. 姿势反射 E. 牵张反射

31. 不属于牵张反射的是（　　）。
A. 肌紧张 B. 跟腱反射 C. 膝跳反射
D. 条件反射 E. 肱三头肌反射

*32. 脊休克的表现不包括（　　）。
A. 血压下降 B. 粪尿积聚 C. 发汗反射消失
D. 断面以下脊髓所支配的骨骼肌肌紧张减低或消失
E. 动物失去一切感觉

*33. 不属于胆碱能纤维的是（　　）。
A. 交感和副交感神经节前纤维 B. 副交感神经节后纤维
C. 躯体运动神经纤维 D. 支配汗腺的交感神经节后纤维
E. 支配内脏的所有传出神经

*34. 与胆碱 M 样作用有关的效应主要是（　　）。
A. 心脏活动加强 B. 胃肠活动减弱 C. 支气管痉挛
D. 终板电位增大 E. 瞳孔扩大

*35. 心交感神经释放的递质是（　　）。
A. 去甲肾上腺素 B. 乙酰胆碱 C. 肾上腺素
D. 多巴胺 E. 脑肠肽

36. 心迷走神经释放的递质是（　　）。
A. 去甲肾上腺素 B. 乙酰胆碱 C. 肾上腺素
D. 多巴胺 E. 脑肠肽

37. 交感和副交感神经节前纤维释放的递质是（　　）。
A. 乙酰胆碱 B. 肾上腺素 C. 去甲肾上腺素
D. 乙酰胆碱和肾上腺素 E. 乙酰胆碱和去甲肾上腺素

*38. 副交感神经兴奋时，不能引起（　　）。
A. 心率减慢 B. 瞳孔缩小 C. 胃肠运动加强
D. 糖原分解增加 E. 胰岛素分泌增加

39. 基本生命中枢位于（　　）。
A. 脊髓 B. 延髓 C. 脑桥
D. 中脑 E. 下丘脑

*40. 下列哪种生理活动的中枢不在延髓？（　　）
A. 呼吸 B. 心血管 C. 呕吐
D. 水平衡 E. 消化

四、名词解释

41. 突触传递

42. 牵涉痛

43. 牵张反射

44. 脊休克

45. 去大脑僵直

五、简答题
46. 简述突触传递的过程。

47. 试比较特异性和非特异性投射系统结构和功能特点。

48. 牵张反射有几种类型？各有何生理意义？

49. 简述交感神经和副交感神经的生理功能和意义。

（张晓丽）

第十三章 内分泌系统

【学习指导】

一、内分泌系统的大体结构

（一）垂体

位置与形态：位于垂体窝内，呈椭圆形。

分部：腺垂体、神经垂体。

（二）甲状腺

位于颈前部，气管和喉两侧，呈"H"形，合成和分泌甲状腺素和降钙素。

（三）甲状旁腺

位于甲状腺侧叶的后方的一对圆形小体。

（四）肾上腺

位置与形态：位于肾的上方，左肾上腺呈半月形，右肾上腺呈三角形。

结构及功能：皮质、髓质。

二、内分泌系统的微细结构

（一）垂体

腺垂体：嗜酸性细胞、嗜碱性细胞、嫌色细胞。

神经垂体：由无髓神经纤维和神经胶质细胞构成。

（二）甲状腺

滤泡上皮细胞：呈立方形，排列成单层，细胞核呈圆形位于中央。

滤泡旁细胞：位于甲状腺滤泡之间或滤泡上皮细胞之间，染色较浅。

（三）肾上腺

1. 皮质

(1) 球状带：位于皮质的浅层，较薄，细胞呈团状。

(2) 束状带：位于皮质的中层，较厚，细胞排列呈条索状。

(3) 网状带：位于皮质的最深层，邻接髓质细胞排列呈索状并相互连接成网。

2. 髓质

细胞呈多边形，细胞质内有易被铬盐染成黄褐色的颗粒，故又称为嗜铬细胞。

（四）胰岛

内分泌细胞团，像海洋中的小岛一样，故称为胰岛。

三、内分泌系统的生理功能

(一) 激素概述

1. 激素概念

内分泌腺和散在的内分泌细胞分泌的高效能生物活性物质。

2. 激素的化学分类

含氮激素、类固醇激素。

3. 激素作用的一般特征

特异性、高效能、激素间相互作用。

4. 激素的作用原理

第二信使学说、基因调节学说。

(二) 垂体

1. 腺垂体

生长素：促进骨骼和肌肉的生长，促进软骨生长和骨化。

催乳素：促进乳腺生长发育，引起和维持分娩后的乳腺分泌。

促甲状腺激素：促进甲状腺增生和甲状腺激素的合成与分泌。

促肾上腺皮质激素：促进肾上腺皮质增生和糖皮质激素的合成与分泌。

促性腺激素：卵泡刺激素和黄体生成素。

2. 神经垂体

贮存和释放抗利尿激素和催产素。

(三) 甲状腺

甲状腺素的生理作用：促进新陈代谢、维持机体正常发育、提高神经系统的兴奋性等。

(四) 甲状旁腺

甲状旁腺素的生理作用：调节钙、磷代谢，使血钙升高、血磷降低。

(五) 肾上腺

1. 皮质

盐皮质激素：维持人体内水和电解质的平衡。

糖皮质激素：促进肝外蛋白质分解，血糖升高，脂肪分解加强，血细胞减少，提高中枢神经系统兴奋性，增强机体对有害刺激的耐受能力。

雄激素：

2. 髓质

肾上腺素与去甲肾上腺素对心血管的作用相似，但各有特点。

肾上腺激素：对心肌作用较强。

去甲肾上腺激素：缩血管作用较强。

(六) 胰岛

胰岛素是调节血糖稳定的主要激素。

【学习检测】

任务一 解剖学自测题

一、填空题

1. 腺垂体可分泌_____、_____、_____、_____和_____五种激素。
2. 甲状腺由两侧的_____和中间的_____构成。
3. 肾上腺髓质可分泌_____和_____两种激素。

二、是非判断题

4.（　　）神经垂体内的腺细胞可分泌抗利尿激素和催产素两种激素。

三、单项选择题

5. 属于内分泌腺的器官是（　　）。
   A. 前列腺　　　　　　B. 垂体　　　　　　C. 卵巢
   D. 胰腺　　　　　　　E. 睾丸
6. 内分泌腺的特点是（　　）。
   A. 有导管　　　　　　B. 无导管　　　　　　C. 血管少
   D. 体积大　　　　　　E. 血流快
*7. 下列描述中,符合垂体的选项是（　　）。
   A. 成对　　　　　　　B. 借漏斗连于下丘脑　　C. 位于颅前窝内
   D. 仅由神经组织组成　E. 不产生激素
8. 甲状腺可分泌（　　）。
   A. 肾上腺素　　　　　B. 降钙素　　　　　　C. 甲状腺素
   D. 糖皮质激素　　　　E. 盐皮质激素

四、简答题

9. 甲状腺位于什么部位？甲状腺肿大时会出现什么临床症状？

任务二　组织学自测题

一、填空题

1. 肾上腺皮质由浅入深分为＿＿＿＿＿＿、＿＿＿＿＿＿和＿＿＿＿＿＿三个带。

*2. 嗜铬细胞可分泌＿＿＿＿＿＿和＿＿＿＿＿＿两种激素。

3. 光镜下观察,腺垂体由＿＿＿＿＿＿、＿＿＿＿＿＿和＿＿＿＿＿＿三种细胞构成。

4. 神经垂体由＿＿＿＿＿＿和＿＿＿＿＿＿构成。

5. 下丘脑的视上核和室旁核可分泌＿＿＿＿＿＿和＿＿＿＿＿＿两种激素。

6. 垂体前叶的嗜酸性细胞可分为＿＿＿＿＿＿和＿＿＿＿＿＿两种;嗜碱性细胞可分为＿＿＿＿＿＿、＿＿＿＿＿＿和＿＿＿＿＿＿三种。

二、是非判断题

7. （　　）甲状旁腺素可使血钙升高。

8. （　　）肾上腺皮质中球状带最薄。

9. （　　）肾上腺皮质的网状带男性分泌雄激素,女性分泌雌激素。

10. （　　）垂体的前部为神经垂体,后部为腺垂体。

11. （　　）神经垂体的腺细胞可分泌抗利尿激素和催产素。

*12. （　　）腺垂体中数量最多的是嫌色细胞。

*13. （　　）生长素和催乳素都是由腺垂体的嗜酸性细胞分泌的。

*14. （　　）甲状腺滤泡上皮细胞合成的甲状腺激素贮存在滤泡腔内,又经上皮吸收经细胞间隙输送至血管内。

三、单项选择题

15. 下列哪项不属于内分泌腺？（　　）
    A. 甲状腺　　　　　　　B. 甲状旁腺　　　　　　C. 肾上腺
    D. 脑垂体　　　　　　　E. 胸腺

16. 下列哪项不是内分泌腺的特点？（　　）
    A. 腺细胞排列呈索状、团状或泡状
    B. 有丰富的毛细血管和毛细淋巴管
    C. 分泌激素
    D. 腺细胞的分泌物经导管排出
    E. 可单独存在,也可分散在其他器官内

17. 呆小症是由于下列哪种激素缺乏引起的？（　　）
    A. 生长素　　　　　　　B. 甲状腺素　　　　　　C. 甲状旁腺素
    D. 肾上腺素　　　　　　E. 胰岛素

*18. 降钙素是由哪种细胞分泌的？（　　）
    A. 滤泡旁细胞　　　　　B. 滤泡上皮细胞　　　　C. 主细胞

D. 嗜酸性细胞　　　　　　　　　E. 嗜碱性细胞

19. 肾上腺中能够分泌糖皮质激素的细胞是(　　)。
A. 髓质细胞　　　　　B. 球状带细胞　　　　　C. 束状带细胞
D. 网状带细胞　　　　E. 交感神经节细胞

*20. 肾上腺中能被铬盐染上颜色的细胞是(　　)。
A. 球状带细胞　　　　B. 网状带细胞　　　　　C. 交感神经节细胞
D. 束状带细胞　　　　E. 髓质细胞

*21. 肾上腺中最厚的区域在(　　)。
A. 被膜　　　　　　　B. 网状带　　　　　　　C. 球状带
D. 束状带　　　　　　E. 髓质

22. 垂体中分泌生长素的细胞是(　　)。
A. 嗜酸性细胞　　　　B. 嗜碱性细胞　　　　　C. 嫌色细胞
D. 垂体细胞　　　　　E. 神经内分泌细胞

*23. 腺垂体中属于嗜酸性细胞的是(　　)。
A. 促肾上腺皮质激素细胞　　B. 促甲状腺激素细胞　　C. 嫌色细胞
D. 促性腺激素细胞　　　　　E. 催乳素细胞

24. 甲状腺滤泡上皮细胞分泌的激素进入血液内的是(　　)。
A. T_3和T_4　　　　　　　　　　B. 甲状腺球蛋白
C. 碘化的甲状腺球蛋白　　　　　　D. 酪氨酸
E. 降钙素

25. 男性体内分泌雌激素的细胞是(　　)。
A. 肾上腺皮质网状带细胞　　B. 肾间质细胞　　　　C. 睾丸间质细胞
D. 垂体细胞　　　　　　　　E. 肾上腺皮质球状带细胞

26. 促肾上腺皮质激素主要作用于(　　)。
A. 球状带　　　　　　B. 束状带　　　　　　　C. 网状带
D. 球状带和束状带　　E. 束状带和网状带

27. 肾上腺盐皮质激素作用于肾脏的(　　)。
A. 近端小管曲部　　　B. 近端小管直部　　　　C. 细段
D. 远端小管曲部　　　E. 远端小管直部

*28. 产生催产素和抗利尿激素的细胞分别是(　　)。
A. 腺垂体内嗜酸性细胞和嗜碱性细胞
B. 腺垂体内嗜碱性细胞和嫌色细胞
C. 神经部的垂体细胞和中间部嗜碱性细胞
D. 下丘脑室旁核和视上核的分泌神经元
E. 下丘脑室上核和视旁核的分泌神经元

29. 肾上腺皮质球状带(　　)。
A. 较厚,分泌盐皮质激素　　　　　B. 较薄,分泌糖皮质激素
C. 较厚,分泌糖皮质激素　　　　　D. 较薄,分泌盐皮质激素
E. 较薄,分泌性激素

四、名词解释

*30. 嗜铬细胞

31. 垂体细胞

32. 靶器官

五、简答题

33. 肾上腺皮质由浅入深依次分哪几个带？各带细胞的形态如何？分别可分泌什么激素？

*34. 腺垂体的嗜碱性细胞又可分为哪几种细胞？分别可以分泌何种激素？

任务三 生理学自测题

一、填空题

1. 激素按其化学性质可分为_____和_____两大类。
2. 内分泌系统的所有调节功能都是通过_____实现的。
3. 激素作用的一般特征有_____、_____、_____和_____。
4. 下丘脑和垂体之间构成了_____系统和_____系统。
5. 神经垂体释放_____和_____两种激素,是在_____中合成的,储存在_____。
6. 幼年时生长激素缺乏可导致_____,甲状腺激素缺乏可导致_____。
7. 胰岛素是由胰岛的_____细胞分泌,其最明显的生理效应是调节_____代谢,是体内唯一的_____激素。
8. 药理剂量的糖皮质激素有抗_____,抗_____,抗_____,抗_____等作用。
*9. 参与应激反应的激素是_____,参与应急反应的激素是_____。

二、是非判断题

10. ( )含氮类激素需透过细胞膜,与胞浆中的受体结合,才能发挥作用。
11. ( )神经垂体内的腺细胞可分泌抗利尿激素和催产素两种激素。
*12. ( )甲状旁腺素的作用是使血钙降低。
13. ( )去甲肾上腺素缩血管的作用明显强于肾上腺素。

三、单项选择题

14. 下列哪种激素属含氮激素?( )
   A. 皮质醇   B. 醛固酮   C. 睾酮   D. 雌激素   E. 胰岛素
15. 下列哪种激素属于类固醇激素?( )
   A. 甲状旁腺激素   B. 胰岛素   C. 雄激素
   D. 生长激素   E. 黄体生成素
*16. 糖皮质激素本身没有缩血管效应,但能加强去甲上肾腺素的缩血管作用,这称为( )。
   A. 相互作用   B. 致敏作用   C. 增强作用
   D. 允许作用   E. 辅助作用
17. 不属于腺垂体分泌的激素是( )。
   A. 促甲状腺激素   B. 促肾上腺皮质激素   C. 生长素
   D. 催产素   E. 黄体生成素
18. 下丘脑-腺垂体调节甲状腺功能的主要激素是( )。

A. 生长素 B. 促黑激素 C. 促甲状腺激素
D. 促肾上腺皮质激素 E. 刺激甲状腺免疫球蛋白

19. 对脑和长骨的发育最为重要的激素是（　　）。
A. 生长激素 B. 性激素 C. 甲状腺激素
D. 促甲状腺激素 E. 维生素 D

20. 向心性肥胖是由下列哪种激素分泌增多所致？（　　）
A. 甲状腺激素 B. 甲状旁腺激素 C. 糖皮质激素
D. 肾上腺素 E. 胰岛素

21. 能使血糖水平降低的激素是（　　）。
A. 生长激素 B. 甲状腺激素 C. 肾上腺素
D. 糖皮质激素 E. 胰岛

四、名词解释

22. 激素

五、简答题

23. 简述甲状腺激素的生理作用。

24. 长期大量使用糖皮质激素的患者为什么不能突然停药？

（杜　娟）

第十四章 人体胚胎发育概要

【学习指导】

一、概念

人体胚胎学是研究人体出生前的发生、发育变化过程及其发育机制的一门科学。

二、两个时期

1. 胚胎期

第1~8周,是人体发育的早期阶段,此期胚胎变化最大,易受内、外环境的影响,对以后胎儿的正常发育具有决定性作用。

2. 胎儿期

第9~38周,此期胎儿逐渐长大,各器官系统逐渐发育完善,有的器官已具有一定的功能活动。

【学习检测】

一、填空题

1. 人的胚胎发育可分＿＿＿＿＿＿＿和＿＿＿＿＿＿＿两个时期。
2. 受精需要经过＿＿＿＿＿＿＿、＿＿＿＿＿＿＿和＿＿＿＿＿＿＿三个步骤。
3. 胚泡的结构由＿＿＿＿＿＿＿、＿＿＿＿＿＿＿和＿＿＿＿＿＿＿三个部分构成。
4. 蜕膜可分为＿＿＿＿＿＿＿、＿＿＿＿＿＿＿和＿＿＿＿＿＿＿三个部分。
5. 中胚层由内侧到外侧分为＿＿＿＿＿＿＿、＿＿＿＿＿＿＿和＿＿＿＿＿＿＿三个部分。
6. 绒毛膜可演变成＿＿＿＿＿＿＿和＿＿＿＿＿＿＿两种。
7. 胎膜包括＿＿＿＿＿＿＿、＿＿＿＿＿＿＿、＿＿＿＿＿＿＿、＿＿＿＿＿＿＿和＿＿＿＿＿＿＿五种结构。
8. 孪生包括＿＿＿＿＿＿＿与＿＿＿＿＿＿＿两种。
*9. 妊娠至分娩时,羊水量在＿＿＿＿＿＿＿以上为羊水过多,羊水量在＿＿＿＿＿＿＿以下为羊水过少。羊水含量不正常,胎儿易出现＿＿＿＿＿＿＿。
10. 胎盘的功能有＿＿＿＿＿＿＿和＿＿＿＿＿＿＿。
11. 胎盘由＿＿＿＿＿＿＿和＿＿＿＿＿＿＿组成。

*12. 临床按月经龄推算胚胎龄,从孕妇末次月经的第一天至胎儿娩出共约_____;若按受精龄推算胚胎龄,从受精到胎儿娩出约经_____。

二、是非判断题

13. (　)胚期是指胚胎从第1周到第8周的时间。
14. (　)卵裂与一般的细胞分裂不同,卵裂次数越多,细胞体积就越小。
15. (　)胚泡中靠近内细胞群的滋养层称为极端滋养层。
16. (　)胚层分化时,由内细胞群直接形成三胚层胚盘。
17. (　)在胚盘形成过程中,有原条的一端为胚盘的头端。
18. (　)脊索可诱导神经管的形成。
19. (　)靠近包蜕膜侧的绒毛膜可演变成丛密绒毛膜。
20. (　)精子在男性生殖管道内获得受精的能力。
21. (　)子宫蜕膜反应出现在胚胎植入子宫内膜后,以基蜕膜的变化最明显。
22. (　)绒毛膜为早期胚胎发育提供营养和氧气。
23. (　)胎盘内有母体和胎儿两套血液循环,两者的血液在共同的管道内循环,进行物质交换。

三、单项选择题

24. 人体胚胎早期发生时期是指(　)。
    A. 受精至第2周　　　　B. 受精至第4周　　　　C. 受精至第8周
    D. 受精至第10周　　　 E. 受精至第12周
25. 受精的部位通常是在输卵管的(　)。
    A. 子宫部　　　　　　　B. 峡部　　　　　　　　C. 壶腹部
    D. 漏斗部　　　　　　　E. 输卵管伞
26. 受精卵植入的部位通常位于(　)。
    A. 子宫颈部　　　　　　B. 子宫前壁　　　　　　C. 子宫后壁
    D. 子宫侧壁　　　　　　E. 输卵管
27. 下列不属于胎膜的是(　)。
    A. 绒毛膜　　　　　　　B. 脐带　　　　　　　　C. 羊膜
    D. 胎盘　　　　　　　　E. 卵黄囊
28. 形成神经管的是(　)。
    A. 外胚层　　　　　　　B. 中胚层　　　　　　　C. 内胚层
    D. 滋养层　　　　　　　E. 卵黄囊
29. 将来发育成脐带的结构是(　)。
    A. 羊膜　　　　　　　　B. 卵黄囊　　　　　　　C. 滋养层
    D. 绒毛　　　　　　　　E. 体蒂
30. 受精时,精子进入(　)。
    A. 卵原细胞　　　　　　B. 初级卵母细胞　　　　C. 次级卵母细胞
    D. 成熟卵细胞　　　　　E. 卵泡细胞
*31. 下列哪一项不属于胚泡的结构?(　)
    A. 滋养层　　　　　　　B. 放射冠　　　　　　　C. 胚泡液

D. 胚泡腔   E. 内细胞群

32. 植入后的子宫内膜称为（　　）。
   A. 胎膜　　B. 黏膜　　C. 蜕膜
   D. 基膜　　E. 以上都不是

*33. 宫外孕常发生在（　　）。
   A. 腹腔　　B. 卵巢　　C. 直肠子宫陷窝
   D. 输卵管　　E. 肠系膜

*34. 胚胎植入是在（　　）。
   A. 卵裂早期　　B. 桑葚胚时期　　C. 胚泡时期
   D. 胚盘分化时期　　E. 受精后 24 h

*35. 胚盘的原条出现在（　　）。
   A. 外胚层头侧正中线　　B. 外胚层尾侧正中线　　C. 内胚层头侧正中线
   D. 内胚层尾侧正中线　　E. 中胚层尾侧正中线

36. 诱导形成神经板的是（　　）。
   A. 原条　　B. 原凹　　C. 体节
   D. 原结　　E. 以上都不对

37. 胚胎最先出现的胚层是（　　）。
   A. 滋养层　　B. 内胚层　　C. 中胚层
   D. 外胚层　　E. 胚外中胚层

*38. 脊索的细胞来源于（　　）。
   A. 原条　　B. 原凹　　C. 脊索前板
   D. 原结　　E. 原沟

39. 对于受精后第一周的变化的描述哪项错误？（　　）
   A. 受精　　B. 桑葚胚　　C. 胚泡形成
   D. 胚层出现　　E. 开始植入

40. 正常妊娠至分娩时的羊水量约为（　　）。
   A. 2000 mL　　B. 1500 mL　　C. 1000 mL
   D. 500 mL　　E. 250 mL

41. 组成胎盘的是（　　）。
   A. 基蜕膜与平滑绒毛膜　　B. 包蜕膜与丛密绒毛膜
   C. 包蜕膜与平滑绒毛膜　　D. 壁蜕膜与丛密绒毛膜
   E. 以上都不对

*42. 胎盘的绒毛间隙内含有（　　）。
   A. 胎儿血液　　B. 母体血液
   C. 胎儿血液和母体血液　　D. 组织液
   E. 胎儿血浆和母体血浆

*43. 胎儿娩出后剪断脐带,从脐带流出的血液是（　　）。
   A. 胎儿的动脉血和静脉血
   B. 母体的动脉血和母体的静脉血

C. 胎儿的动脉血和母体的动脉血

D. 胎儿的静脉血和母体的动脉血

E. 胎儿的动、静脉血和母体的动、静脉血

*44. 脐带的基础是( )。

A. 卵黄囊　　　　　　B. 尿囊　　　　　　C. 脐血管

D. 体蒂　　　　　　　E. 羊膜

*45. 早期诊断妊娠,可检查孕妇尿中的( )。

A. 胎盘催乳素　　　　B. 促生长激素　　　　C. 雌激素

D. 孕激素　　　　　　E. 绒毛膜促性腺激素

四、名词解释

46. 受精

47. 植入

48. 胎盘屏障

49. 胚泡

50. 内细胞群

*51. 脐带

52. 胎盘

五、简答题
53. 何谓蜕膜？可分哪几个部分？分别位于何处？

54. 胎盘是如何构成的？可分为哪两个面？各有何功能？

55. 受精的意义是什么？受精需要哪些条件？

（李佳怡）